平成26年改正

建設業法・入札契約適正化法等の解説

編著／建設業法研究会

大成出版社

平成26年改正建設業法・入札契約適正化法等の解説

目　次

第1編　解説編

＜総論＞

Q1　今回の法改正の概要を教えて下さい。……………………………………………… 3
Q2　今回の法改正の背景を教えて下さい。……………………………………………… 6
Q3　今回の法改正に至った経緯を教えて下さい。……………………………………… 7
Q4　今回の法改正はいつから施行されるのですか。…………………………………… 14

＜建設業法改正関係【解体工事業の追加】＞

Q5　解体工事業を追加した趣旨を教えて下さい。……………………………………… 16
Q6　そもそも業種区分は何のためにあるのですか。また、現在の業種区分はどのような考え方で定められているのですか。……………………………… 17
Q7　今回の業種区分の見直しの経緯と考え方を教えて下さい。……………………… 19
Q8　これまで、解体工事を行うには建設業の許可は必要なかったのですか。…… 20
Q9　解体工事業の許可を取得するためにはどのようにすればいいですか。……… 21
Q10　解体工事業の新設に関する経過措置の概要について教えて下さい。………… 22

＜建設業法改正関係【暴力団排除条項の整備】＞

Q11　今回暴力団排除条項を整備した趣旨を教えて下さい。………………………… 23
Q12　今回の暴力団排除条項の整備の詳しい内容を教えて下さい。………………… 24
Q13　これまで建設業からは暴力団は排除されていなかったのですか。…………… 25

＜建設業法改正関係【許可申請書等の閲覧制度の見直し】＞

Q14　許可申請書等の閲覧制度を見直した趣旨を教えて下さい。…………………… 26
Q15　許可申請書等の閲覧制度の見直しの概要と、それに伴う許可申請書の記載事項の変更について、概要を教えて下さい。……………………………… 27
Q16　許可申請書等の閲覧制度に関する経過措置について教えて下さい。………… 28

＜建設業法改正関係【担い手育成等の責務について】＞

Q17　担い手育成等の責務を追加した理由を教えて下さい。……………………… 29

Q18　建設業者の責務と、建設業者団体関係の改正の内容を教えて下さい。……… 30

Q19　建設業者や建設業者団体は、どのような取組みを行うことが求められるのでしょうか。………………………………………………………………… 31

Q20　国土交通大臣は、具体的にどのように建設業者団体の取組を支援するのでしょうか。……………………………………………………………………… 32

＜建設業法改正関係【その他の改正について】＞

Q21　見積書の「提示」の義務が「交付」に改正された理由を教えて下さい。…… 33

＜入札契約適正化法改正関係【ダンピング防止の追加】＞

Q22　今回入札契約適正化の柱としてダンピング防止を追加した趣旨を教えて下さい。……………………………………………………………………… 34

Q23　入札契約適正化の柱としてダンピング防止を追加したことで、どのような意味があるのでしょうか。……………………………………………… 35

＜入札契約適正化法改正関係【内訳書の提出義務付け】＞

Q24　今回の改正で入札金額の内訳書の提出を義務付けた理由は何ですか。…… 37

Q25　入札金額の内訳書とはどのようなものですか。…………………………… 38

Q26　内訳書の提出は全ての公共工事で必要となるのでしょうか。また、再度入札の際にまで内訳書の提出は必要なのでしょうか。…………………… 40

Q27　提出された内訳書について、発注者はどのように確認するのでしょうか。… 41

Q28　入札金額の内訳書の提出に関する経過措置について教えて下さい。……… 42

＜入札契約適正化法改正関係【施工体制台帳の作成・提出義務の拡大】＞

Q29　今回の改正で施工体制台帳の作成・提出義務を拡大した理由を教えて下さい。……………………………………………………………………………… 43

Q30　施工体制台帳はこれまでどのような場合に作成・提出する必要があったのでしょうか。…………………………………………………………………… 44

Q31　施工体制台帳にはどのような事項を記載する必要があるのでしょうか。…… 45

Q32　施工体制台帳の作成・提出義務の拡大に関する経過措置について教え

て下さい。……………………………………………………………………… 46

＜入札契約適正化法改正関係【発注者から許可行政庁への通知義務の追加】＞

- Q33　発注者から許可行政庁への通知義務を追加した趣旨を教えて下さい。……… 47
- Q34　「疑うに足る事実」とは具体的にどのようなものを想定しているのでしょうか。………………………………………………………………………… 48
- Q35　通知を受けた許可行政庁は、当該建設業者に対してどのような措置を講ずるのでしょうか。……………………………………………………………… 49
- Q36　通知された際に施工していた工事については、どうなるのでしょうか。…… 50

＜浄化槽法改正関係＞

- Q37　今回の浄化槽法の改正の概要を教えて下さい。………………………………… 51
- Q38　建設業法とあわせて、浄化槽法においても暴力団排除条項を整備する趣旨は何ですか。…………………………………………………………………… 52

＜建設リサイクル法関係＞

- Q39　今回の建設リサイクル法の改正の概要を教えて下さい。……………………… 53
- Q40　建設業法とあわせて、建設リサイクル法においても暴力団排除条項を整備する趣旨は何ですか。……………………………………………………… 54
- Q41　建設リサイクル法の解体工事業と今回建設業法で新設される解体工事業はどのような関係にあるのですか。……………………………………………… 55

＜建設業法施行令改正関係＞

- Q42　今回の建設業法施行令の改正の内容を教えて下さい。………………………… 56
- Q43　都道府県における大臣許可業者の閲覧を廃止する趣旨は何ですか。………… 57
- Q44　技術検定の不正受検者に対する措置を強化する趣旨は何ですか。…………… 58
- Q45　立入検査の資格要件を緩和する趣旨は何ですか。……………………………… 59
- Q46　建設業法施行令の改正の施行期日と経過措置について教えて下さい。……… 60

＜建設業法施行規則改正関係＞

- Q47　建設業法施行規則の改正の概要を教えて下さい。……………………………… 61
- Q48　許可申請書等の様式の見直しについて、その趣旨と改正内容を詳しく

教えて下さい。……………………………………………………………………… 64
　Q49　許可申請書等の閲覧制度の見直しについて、その趣旨と改正内容を詳
　　　しく教えて下さい。……………………………………………………………… 71
　Q50　一般建設業の技術者要件の見直しについて、その趣旨と改正内容を詳
　　　しく教えて下さい。……………………………………………………………… 74
　Q51　施工体制台帳について、改正の趣旨と内容を詳しく教えて下さい。………… 76
　Q52　経営事項審査について若手の技術者及び技能労働者の育成及び確保の
　　　状況を審査項目に追加した趣旨を教えて下さい。…………………………… 78
　Q53　経営事項審査について審査の対象となる建設機械の種類を追加した趣
　　　旨を教えて下さい。……………………………………………………………… 80
　Q54　「プレストレストコンクリート工事」を「プレストレストコンクリー
　　　ト構造物工事」に改正した趣旨は何ですか。………………………………… 82
　Q55　経営事項審査に関する様式改正の概要を教えて下さい。………………………… 83
　Q56　建設業者団体の届出制度を見直した趣旨は何ですか。………………………… 84

＜浄化槽工事業登録省令改正関係＞
　Q57　浄化槽省令の改正の趣旨とその内容を教えて下さい。……………………… 85

＜解体工事業登録省令改正関係＞
　Q58　解体工事業登録省令の改正の趣旨とその内容を教えて下さい。……………… 86

第2編　参考資料編

1　建設業法等の一部を改正する法律要綱………………………………………… 89
2　建設業法等の一部を改正する法律案提案理由説明……………………………… 91
3　建設業法等の一部を改正する法律新旧対照条文………………………………… 92
　○建設業法………………………………………………………………………… 92
　○公共工事の入札及び契約の適正化の促進に関する法律……………………… 103
　○浄化槽法………………………………………………………………………… 108
　○建設工事に係る資材の再資源化等に関する法律……………………………… 110
4　建設業法等の一部を改正する法律……………………………………………… 113
5　建設業法等の一部を改正する法律案に対する附帯決議……………………… 119
　○建設業法等の一部を改正する法律案及び建築基準法の一部を改正する法

律案に対する附帯決議（参議院国土交通委員会）………………………………… 119
　○建設業法等の一部を改正する法律案に対する附帯決議
　　（衆議院国土交通委員会）…………………………………………………………… 119
6　建設業法等の一部を改正する法律の施行期日を定める政令………………………… 121
　○建設業法等の一部を改正する法律の施行期日を定める政令要綱………………… 121
　○建設業法等の一部を改正する法律の施行期日を定める政令……………………… 121
7　建設業法等の一部を改正する法律の施行に伴う関係政令の整備等に関す
　　る政令要綱……………………………………………………………………………… 122
8　建設業法等の一部を改正する法律の施行に伴う関係政令の整備等に関す
　　る政令新旧対照条文…………………………………………………………………… 123
　○建設業法施行令………………………………………………………………………… 123
　○国立大学法人法施行令………………………………………………………………… 125
　○地方自治法施行令……………………………………………………………………… 126
9　建設業法等の一部を改正する法律の施行に伴う関係政令の整備等に関す
　　る政令…………………………………………………………………………………… 127
10　建設業法施行規則等の一部を改正する省令について………………………………… 129
11　建設業法施行規則等の一部を改正する省令新旧対照条文…………………………… 132
　○建設業法施行規則……………………………………………………………………… 132
　○浄化槽工事業に係る登録等に関する省令…………………………………………… 152
　○解体工事業に係る登録等に関する省令……………………………………………… 154
12　建設業法施行規則等の一部を改正する省令…………………………………………… 192
13　中央建設業審議会・社会資本整備審議会産業分科会建設部会基本問題小
　　委員会～当面講ずべき施策のとりまとめ～………………………………………… 218

第1編　解説編

＜総論＞

Q1 今回の法改正の概要を教えて下さい。

A　第186回国会で成立した「建設業法等の一部を改正する法律」（以下「改正法」と言います。）においては、「建設業法」、「公共工事の入札及び契約の適正化の促進に関する法律（以下「入札契約適正化法」と言います。）」、「浄化槽法」及び「建設工事に係る資材の再資源化等に関する法律（以下「建設リサイクル法」と言います。）」の4つの法律が改正されました。

　その概要は、次のとおりです。

Ⅰ．建設業法の一部改正

　1　許可に係る業種区分の見直し

　　許可に係る業種区分に、解体工事業が追加されました。

　2　暴力団排除条項の整備

　　許可に係る欠格要件及び取消事由に暴力団員であること等が追加されるとともに、欠格要件等の対象となる役員の範囲が拡大されました。

　3　許可申請書等の閲覧制度の改正

　　許可申請書等の閲覧対象から個人情報が含まれる書類が除外され、そのために必要となる許可申請書の記載事項の改正が行われました。

　4　建設業者及び建設業者団体等による建設工事の担い手の育成及び確保に関する責務の追加

　①　建設業者は、建設工事の担い手の育成及び確保に努めるものとされるとともに、国土交通大臣は、当該建設工事の担い手の育成及び確保に資するため、必要に応じ、講習の実施のほか、調査の実施等の措置を講ずることとされました。

　②　建設業者団体の行う事業として、講習及び広報が明示されました。

　③　建設業者団体は、その事業を行うに当たっては、建設工事の担い手の育成及び確保その他の施工技術の確保に資するよう努めなければならないこととされました。

総　論

　　④　国土交通大臣は、建設業者団体が行う建設工事の担い手の育成及び確保その他の施工技術の確保に関する取組の状況について把握するよう努めるとともに、当該取組が促進されるように必要な措置を講ずることとされました。

Ⅱ．公共工事の入札及び契約の適正化の促進に関する法律の一部改正関係
　1　公共工事の入札及び契約の適正化の基本となるべき事項の追加
　　「その請負代金の額によっては公共工事の適正な施工が通常見込まれない契約の締結が防止されること」（ダンピング受注の防止）が追加されました。
　2　公共工事の受注者が暴力団員等と判明した場合における通知
　　各省各庁の長等は、公共工事の受注者である建設業者が暴力団員等であると疑うに足りる事実があるときは、当該建設業者が建設業の許可を受けた国土交通大臣又は都道府県知事等にその事実を通知しなければならないこととされました。
　3　適正な金額での契約の締結等のための措置
　　①　建設業者は、公共工事の入札に係る申込みの際に、入札金額の内訳を記載した書類を提出しなければならないこととされました。
　　②　各省各庁の長等は、その請負代金の額によっては公共工事の適正な施工が通常見込まれない契約の締結を防止し、及び不正行為を排除するため、内訳を記載した書類の内容の確認その他の必要な措置を講ずることとされました。
　4　施工体制台帳の作成及び提出
　　公共工事の受注者である建設業者は、下請契約を締結するときは、その金額にかかわらず、施工体制台帳を作成し、その写しを発注者に提出しなければならないこととされました。

Ⅲ．浄化槽法の一部改正関係
　　浄化槽工事業の登録の拒否事由及び取消事由に暴力団員であること等が追加されるとともに、拒否事由等の対象となる役員の範囲が拡大されました。

Ⅳ．建設工事に係る資材の再資源化等に関する法律の一部改正関係
　　解体工事業の登録の拒否事由及び取消事由に暴力団員であること等が追加されるとともに、拒否事由等の対象となる役員の範囲が拡大されました。

総説

● 建設業法等の一部を改正する法律（平成26年6月4日公布）〔建設業法・公共工事の入札及び契約の適正化の促進に関する法律（入契法）・公共工事の品質確保の促進に関する法律（品確法）・浄化槽法・建設工事に係る資材の再資源化等に関する法律（建設リサイクル法）〕

背景

○ 近年の建設投資の大幅な減少による受注競争の激化により、ダンピング受注や下請企業へのしわ寄せが発生。
　→ 離職者の増加、若年入職者の減少等による将来の工事の担い手不足等が懸念

○ 維持更新時代の到来に伴い解体工事等の施工実態に変化が発生。
　→ 維持更新時代に対応した適正な施工体制の確保の課題

建設工事の適正な施工と担い手の確保が喫緊の急務

概要

ダンピング対策の強化と建設工事の担い手の確保

① ダンピング防止を公共工事の入札契約の適正化の柱として追加【入契法】

② 公共工事の入札の際の入札金額の内訳の提出を義務付け、発注者はそれを適切に確認【入契法】
　→ 見積能力のない業者が最低制限価格で入札するような事態を排除
　→ 談合の防止
　→ 手抜き工事や下請へのしわ寄せを防止

③ 建設業者及びその団体による担い手確保・育成並びに国土交通大臣による支援の責務を明記【建設業法】
　→ 業界による自主的な取組を促進することにより、建設工事の担い手の確保・育成を推進

維持更新時代に対応した適正な施工体制の確保

④ 建設業の許可に係る業種区分を約40年ぶりに見直し、解体工事業を新設【建設業法】
　→ 解体工事について、事故を防ぎ、工事の質を確保するため、必要な実務経験や資格のある技術者を配置

⑤ 公共工事における施工体制台帳の作成・提出義務を小規模工事にも拡大（下請金額による下限を撤廃）【入契法】
　→ 維持修繕等の小規模工事も含め、施工体制の把握を徹底することにより、手抜き工事や不当な中間搾取を防止

⑥ 建設業許可と判明した場合に公共発注者から許可行政庁への通報条項等を整備（※）するとともに、受注者が暴力団員等と判明した場合に公共発注者から許可行政庁への通報条項を整備【浄化槽法】
　→ 建設業・公共工事からの暴力団の排除を徹底

※ その他、許可申請の閲覧制度について個人情報を含む書類を除外する等、必要な改正を措置

（※ 公共工事の品質確保の促進に関する法律）

品確法（※）改正等の入札契約制度の改革と一体となって、現在及び将来にわたる建設工事の適正な施工とその担い手の確保を実現

施行日

➢ 公布の日（H26.6.4）に施行　③
➢ 公布の日から1年以内に施行　①②⑤⑥⑦
➢ 公布の日から2年以内に施行　④

経緯

➢ 4/4　参議院本会議可決（全会一致）
➢ 5/29　衆議院本会議可決（全会一致）
➢ 6/4　公布

総　論

Q2 今回の法改正の背景を教えて下さい。

A　建設業は、東日本大震災に係る復興事業や防災・減災、老朽化対策、耐震化、インフラの維持管理などの担い手として、その果たすべき役割はますます増大しています。

　一方、近年の建設投資の急激な減少や競争の激化により、建設業の経営を取り巻く環境が悪化し、いわゆるダンピング受注などにより、建設企業の疲弊や下請企業へのしわ寄せ、現場の技能労働者等の就労環境の悪化といった構造的な問題が発生しています。こうした問題を看過すれば、若年入職者の減少等により、中長期的には、建設工事の担い手が不足することが懸念されるところです。

　また、維持管理・更新に関する工事の増加に伴い、これらの工事の適正な施工の確保を徹底する必要性も高まっています。

　このような背景から、今回の建設業法と入札契約適正化法等の改正に至りました。

今回の法改正に至った経緯を教えて下さい。

　Ｑ２のような課題に対応するため、国土交通省では、平成25年５月に、国土交通副大臣を議長とする「地域の建設産業及び入札契約制度のあり方検討会議」を立ち上げ、入札契約制度改革の検討を開始しました。その後、中央建設業審議会と社会資本整備審議会の下に設置された「基本問題小委員会」において、平成25年７月から平成26年１月にかけて、４度にわたり審議が行われました。ここでは、公共工事の入札契約制度のあり方のほか、業種区分の見直しのあり方についても検討が行われました。

　その結果、平成26年１月には、基本問題小委員会において、「当面講ずべき施策のとりまとめ」が行われました。この中で、インフラの品質確保とその担い手の確保のため、「公共工事の品質確保の促進に関する法律（以下「品確法」と言います。）」を中心に、密接に関連する入札契約適正化法と建設業法についても一体として必要な改正を行うことが必要との結論に至りました。また、業種区分については、可能な限り早期に「解体工事」について、業種区分を新設し、「とび・土工・コンクリート工事」から、「工作物の解体」を分離独立することが妥当との結論を得ました。

　その後、平成26年３月７日に建設業法、入札契約適正化法、浄化槽法及び建設リサイクル法の４法を一括して改正する「建設業法等の一部を改正する法律案」が閣議決定されました。国会においては、まずは参議院において、４月３日に国土交通委員会で質疑が行われ、全会一致で可決、さらに４月４日には本会議で全会一致にて可決されました。続いて、衆議院において、国土交通委員会で５月23日と27日の２日間にわたって質疑が行われ、全会一致で可決、さらに５月29日に本会議で全会一致にて可決、成立し、６月４日に公布されました。

　一方、並行して、国会においては、品確法の改正について検討が行われてきました。自民党においては、平成25年１月に公共工事品質確保に関する議員連盟に「公共工事契約適正化委員会」が設置され、平成26年２月までに９回にわたって委員会が開催されました。その結果、建設業法等の一部を改正する法律案が審議された平成26年４月３日の参議院国土交通委員会において、「公共工事の品質確保の促進に関する法律の

総 論

一部を改正する法律案」が、国土交通委員長提案として全会一致にて発議され、4月4日には本会議で全会一致にて可決、衆議院においては5月27日に国土交通委員会で、29日には本会議で全会一致にて可決、成立し、6月4日に公布・施行されました。

　このように、建設業法や入札契約適正化法の改正と、品確法の改正は一体的に行われたという経緯から、これらの改正を総称して、「担い手3法の改正」と呼ばれることもあります。

中央建設業審議会・社会資本整備審議会 基本問題小委員会 当面講ずべき施策のとりまとめ（概要）
～インフラの品質確保とその担い手の確保に係る施策～

別紙1参照

公共工事の基本となる「品確法」を中心に、密接に関連する「入契法」「建設業法」も一体として必要な改正を検討
⇒ インフラの品質確保とその担い手の確保を実現

※透明性、公正性、必要・十分な競争性確保に留意

品確法：公共工事の品質確保の促進に関する法律
入契法：公共工事の入札及び契約の適正化の促進に関する法律

品確法による対応が望まれる事項

建設業法・入契法の改正も含め検討すべき事項

1. インフラの品質確保とその担い手の中長期的な担い手確保への配慮を明確化
○ 将来にわたる公共工事の品質確保と中長期的な担い手確保への配慮を明確化
・維持管理の適切な実施、地域維持の担い手確保、ダンピング防止、調査設計の品質確保等
○ 事業の特性等に応じて選択できる多様な入札契約方式の導入・活用
・技術提案交渉方式（仮称）、段階選抜方式、若手技術者・技能者等の評価、複数年度契約、複数工種・工区等一括発注、共同受注方式等
○ 発注者責務の明確化
・予定価格の適正な設定、円滑な設計変更等

2. 担い手確保のための制度・施策の強化
○ 労務単価の適切な設定、低入札価格調査制度の充実強化、標準見積書の活用　等
○ ダンピング防止と入札契約の適正化の柱として位置づけ、歩切りの根絶
○ 技術者・技能労働者等の育成等に係る建設業者団体の自主的な取組の促進

3. 適正な施工確保の徹底のための対策
○ 暴力団排除の徹底（許可欠格要件等の追加等、談合防止の観点からの内訳の確認、公共工事の施工体制台帳作成義務の拡大

別紙2参照

業種区分の見直し
1. 業種区分の見直しの方針
○ 施工管理の不備等による事故が発生している状況等に鑑み、早期に「解体工事」を新設し、
○ 建設工事の内容、例示等についても、施工実態や取引実態の変化等に鑑み、告示、ガイドラインを早期に改正。

2. 更なる検討について
○ 今後、関係方面の取組等を踏まえつつ、業種区分の在り方等を引き続き検討。

別紙3参照

社会保険未加入問題等への対策
1. 総合的対策の推進
○ 平成29年度を目途に許可業者加入率100%等という目標を達成するため、行政、業界が一体となって総合的対策を推進。

2. 今後取り組むべき対策の方向
○ 社会保険加入徹底の取組を加速化するため、1. に加え、例えば、公共工事の施工に関し未加入業者に対する指導監督を強化するとともに、公共工事においては元請及び一次下請企業から未加入業者を排除することを検討すべき。

総論

別紙1

「インフラの品質確保とその担い手の確保」に係る制度改正と施策展開

～ 現場の人手不足、行き過ぎた価格競争、発注者のマンパワー不足、受発注者の負担増大等へ対応 ～

公共工事の基本となる「品確法」を中心に、密接に関連する「入契法」「建設業法」についても
三位一体として必要な改正を検討し、担い手の確保を実現

一 品確法改正

- ■将来にわたる品質確保とその担い手の中長期的な育成・確保等への配慮を明確化
- ■事業の性格や地域の特性に応じて選択できる多様な入札契約方式の導入・活用
  - 技術提案・交渉方式（仮称）に資する方式、受注者の負担軽減に資する段階選抜方式や総合評価落札方式の一種化等の発注関係事務の軽減、契約の推進、契約協議一括受注方式
  - CM方式など発注者支援に資する方式、複数年度契約、複数工事、工区等一括発注
- ■中長期的な品質確保のための施工力・技術力の維持向上にも資するとの観点からの入札契約の各段階での評価の見直し
  - （経営事項審査や総合評価、若手技術者や技能労働者等の育成・確保、機械保有の状況等）
- ■適切な維持管理、点検、補修等によるインフラメンテナンスマネジメントや災害対応等の地域維持体制の確保への配慮
- ■ダンピング防止
- ■発注体制が十分でない発注者のより適切な支援強化、施工状況の調査や適正な設計変更を明確化、設計業務の品質確保に向けた取組、発注者間での共有促進
- ■債務負担行為の活用等による発注量の平準化、工期の適切な設定 活用と発注者間での連携体制の強化 等

インフラの品質確保とその担い手確保のための入札契約制度の改革

担い手確保のための制度・施策の強化

- ○ダンピング防止を入札契約適正化法の柱として明確化
- ○入札の際に入札金額の内訳を提出（見積能力のない業者の排除・ダンピング防止）
- ○公共工事設計労務単価の適切な設定（H25.4大幅引上げ）
- ○低入札価格調査制度の充実・強化（H25.5.6入札価格調査基準の引上げ）
- ○適正な積算基準の設定
- ○適正な工期設定や設計変更の推進
- ○歩切りの根絶や失格基準の活用等の推進
- ○技術者、技能労働者の育成等における各建設業者の自主的な取組の促進
- ○経営事項審査や総合評価における若手技術者、登録基幹技能者の評価を検討
- ○技術者の経験、資格などを反映した技術検定試験の受験資格要件の緩和を含む技術者制度の見直し（一部H26年度から）
- ○元下間での法定福利費を内訳明示した標準見積書の活用
- ○新しい入札契約方式の地方公共団体への支援を強化

二 品確法改正

- ◆行き過ぎた価格競争是正、行き過ぎた価格競争防止、元請から技能労働者までの持続可能性確保等
- ◆事業協同組合等による共同受注方式
- ◆事業完成後も含めた品質確保に向けた取組、技術を有する者の能力の活用等
- ◆工事完成後も含めた品質確保に向けた取組（知識、技術を有する者の能力の活用等）

等

透明性、公正性、適正な競争性の確保、必要かつ十分な競争力確保に留意

透明性、公正性、適正な競争性の徹底

- ○提出された内訳書について談合防止の観点からも確認
- ○適正取引の相談機能強化
- ○予定価格等の事後公表等の推進
- ○社会保険等未加入業者への指導監督
- ○関係部局と連携した調査の実施等による不正行為の排除徹底、提出義務の拡大
- ◆公共工事の施工体制台帳等の作成
- ◆業種区分や建設工事の内容・例示等の見直しによる適正な施工確保
- ★許可行政庁と公共工事発注者の協力による暴力団排除の徹底

等

※品確法：公共工事の品質確保の促進に関する法律　入契法：公共工事の入札及び契約の適正化の促進に関する法律
※品確法の検討（法令、基本方針等）にあわせ、予算決算及び会計令や地方自治法施行令等の改正の必要性について十分検討
※上記各項目は、今後の詳細な検討の結果、変更がありうる。また、★は建設業法関連、◆は入契法関連で法改正も含めた検討を予定する事項

別紙2

業種区分の見直しの検討

業種区分の見直しの基本的な考え方

（前提条件）規制の強化等の影響や社会的負担の増加と比較考量しても、社会的課題の解決又は瑕疵工事のリスク低減など適正な施工の確保に顕著な効果が見込まれること

業種区分の新設にあたっては更に
・当該工事に必要な技術が専門化しており、また、対応する技術者資格等が設定できること
・現在、ある程度の市場規模があり、今後とも工事量の増加が見込まれること
が必要である。また、商慣行等の秩序を乱す恐れもあるため、業界内での意見調整、準備の熟度が高まっていることが必要。

建設業者団体等からの要望について検討

業種区分の見直しの方針

1. 解体工事について
現在、施工管理の不備等による事故が発生している等の状況に鑑み、可能な限り早期に「解体工事」について、業種区分を新設
（とび・土工・コンクリート工事からの分離独立）

2. 建設工事の内容、例示、区分の考え方について
建設業者団体等のヒアリングを通じて確認された施工実態や取引実態の変化等の現状を踏まえ、早期に告示、ガイドラインの一部を改正

⇒施工実態や取引実態の変化、施工技術の進歩等を速やかに反映する必要があるため、今後も機動的に見直しを行うべき

（さらなる検討について）

＝今回のヒアリング等を通じて答せられた意見＝

・高度な専門的技術の推進など、建設業者団体のモチベーションの向上も適正な施工を図る上で重要

・本格的な維持管理更新時代を迎え、施工の適正のためのあり方を含め、施工の適正のための取組みを推進すべき

・建設業に関する施策と他分野との連携により対応すべきものもあるのではないか。

⇒今回の業種区分の見直しにあたって整理した基本的な考え方を含め、業種区分のあり方を引き続き議論

・今回の業種区分の見直しから更なる業種区分の見直しなどの対応を図ることが必要。

・建設業者団体の自主的な取組の促進、他分野との連携について、不断に検討

⇒検討の熟度が高まったものから更なる業種区分の見直しなどの対応を図ることが必要。

・業種が全体としてアンバランスで分かりにくいのではないか。

別紙3

社会保険未加入問題等への対策

1. これまでの基本問題小委員会における提言

①行政・元請企業による加入指導、法定福利費確保に向けた取組等の総合的な対策を推進すべき
②実施後5年(平成29年度)を目途に、事業者単位では少なくとも製造業相当の加入、労働者単位では許可業者単位では100%、労働者単位でも製造業相当の加入を目指すべき

2. 総合的対策の推進

国土交通省においては、平成29年度を目途に目標を達成するため、これまでに以下のような総合的対策を推進

①行政・元請企業・下請企業等の関係者が一体となった推進体制(社会保険未加入対策推進協議会)の整備
②建設業法施行規則等関係法令の改正(平成24年5月公布)
・建設業の許可申請書類、施工体制台帳等への記載事項追加、経営事項審査における社会保険加入者への減点措置の厳格化
③社会保険加入状況の把握、確認、公表
・公共工事労務費調査を活用した加入状況の把握・公表
・建設業担当部局における加入状況の確認・指導、保険担当部局への通報
④建設企業における取組の推進
・「下請指導ガイドライン」の策定(これを踏まえ、元請企業が下請企業の保険加入状況を把握、加入指導)
・社会保険加入促進のためのポスター・リーフレットの作成・配布等による周知・啓発
⑤法定福利費の確保
・公共工事設計労務単価の改訂等により必要な法定福利費(事業主負担分・本人負担分)の額を公共工事の予定価格に反映
・各専門工事業団体による法定福利費が内訳明示された標準見積書の作成、活用(平成25年9月から一斉に活用開始)

3. 今後取り組むべき対策の方向

現 状
①社会保険等への加入状況:企業別87%、労働者別58%(平成24年度公共工事労務費調査、3保険への加入率)
②東日本大震災からの復旧・復興、民間建設投資の活発化、東京オリンピックの開催決定等による建設投資額の回復という好機
③国民負担による必要な法定福利費相当額の公共工事の予定価格への反映

今後の対策の方向性

これまで講じてきた総合的対策の推進に加え、**今こそ更に取組を加速化する必要性**

○公共工事の施工に関し、社会保険未加入業者に対する厳正かつ適切な指導監督を強化するとともに
○公共工事において元請業者・一次下請業者から社会保険未加入業者を排除

品確法と建設業法・入契法等の一体的改正について

インフラ等の品質確保とその担い手確保を実現するため、公共工事の基本となる「品確法」を中心に、密接に関連する「入契法」も「建設業法」も一体として改正。

品確法（公共工事の品質確保の促進に関する法律）の改正

<目的> **公共工事の品質確保の促進**
→そのための基本理念や発注者・受注者の責務を明確化し、品質確保の促進策を規定

- **基本理念の追加**：将来にわたる公共工事の品質確保とその中長期的な担い手の確保、ダンピング防止 等
- **発注者の責務**（基本理念に配慮して発注関係事務を実施）を明確化
  - 基本理念を実現するため
  - (例) 予定価格の適正な設定、低入札価格調査基準等の適切な設定、計画的な発注、円滑な設計変更
- **事業の特性等に応じて選択できる多様な入札契約方式の導入・活用を位置づけ、それにより行き過ぎた価格競争を是正**

↓

品確法の基本理念を実現するため必要となる基本的・具体的措置を規定
<建設業法等の一部を改正する法律>

入契法（公共工事の入札及び契約の適正化の促進に関する法律）の改正

<目的> **公共工事の入札契約の適正化**
→公共工事の発注者・受注者が、入札契約適正化のために講ずべき基本的・具体的な措置を規定

- **ダンピング対策の強化**
  - ダンピング防止を入札契約適正化の柱として追加
  - 入札の際の入札金額の内訳の提出、発注者による確認
- **契約の適正な履行（＝公共工事の適正な施工）を確保**
  - 施工体制台帳の作成・提出義務を拡大

建設業法の改正

<目的> **建設工事の適正な施工確保と建設業の健全な発達**
→建設業の許可や欠格要件、建設業者としての責務等を規定

- **建設工事の担い手の育成・確保**
  - 建設業者、建設業者団体、国土交通大臣による担い手の育成・確保の責務
- **適正な施工体制確保の徹底**
  - 業種区分を見直し、解体工事業を新設
  - 建設業の許可等について暴力団排除条項を整備

Q4 今回の法改正はいつから施行されるのですか。

A　今回の法改正は4段階に分けて段階的に施行されています。
　具体的には、まず、建設業者及び建設業者団体等による建設工事の担い手の育成及び確保に関する責務の追加については、公布日（平成26年6月4日）から施行されています。

一方、解体工事業の追加については、十分な周知期間が必要であることから、公布日から起算して2年を超えない範囲で政令で定める日から施行される予定です。

このほかの事項については、改正法においては、公布日から起算して1年を超えない範囲で政令で定める日から施行することとされていましたが、「建設業法等の一部を改正する法律の施行期日を定める政令」（平成26年政令第307号）により、公共工事の入札及び契約の適正化の基本となるべき事項の追加については平成26年9月20日から、その他の事項（暴力団排除条項の整備、許可申請書等の閲覧制度の改正、公共工事の受注者が暴力団員等と判明した場合における通知、適正な金額での契約の締結等のための措置、施工体制台帳の作成及び提出、浄化槽法の一部改正及び建設リサイクル法の一部改正）については、平成27年4月1日から施行することとされました。

建設業法等の一部を改正する法律の施行日について

施行日・改正内容	規定
公布日（平成26年6月4日）から施行	附則第1条第1号
＜建設業法関係＞	
① 建設業者及びその団体による担い手確保・育成並びに国土交通大臣による支援の責務を明記	建設業法第25条の27、第27条の39
平成26年9月20日から施行	附則第1条柱書き
＜公共工事の入札及び契約の適正化の促進に関する法律（入契法）関係＞	
① 公共工事の入札及び契約の適正化の基本となるべき事項及び適正化指針の記載事項の追加（ダンピング受注の防止）	入契法第3条、新第17条
平成27年4月1日から施行	附則第1条柱書き
＜建設業法関係＞	
① 暴力団排除条項の整備	建設業法第8条
② 許可申請書等の閲覧制度の改正	建設業法第5条、第13条
＜公共工事の入札及び契約の適正化の促進に関する法律（入契法）関係＞	
① 公共工事の受注者が暴力団員等と判明した場合における通知	入契法第11条
② 適正な金額での契約の締結等のための措置（入札の際の内訳書の提出等）	入契法新第12条、新第13条
③ 施工体制台帳の作成及び提出	入契法新第15条
＜浄化槽法関係＞	
① 暴力団排除条項の整備	浄化槽法第24条
＜建設工事に係る資材の再資源化等に関する法律（建設リサイクル法）関係＞	
① 暴力団排除条項の整備	建設リサイクル法第24条
公布日から2年以内に政令で定める日から施行	附則第1条第2号
＜建設業法関係＞	
① 建設業許可に係る業種区分の見直し（解体工事業の新設）	建設業法別表第1

＜建設業法改正関係【解体工事業の追加】＞

Q5 解体工事業を追加した趣旨を教えて下さい。

A これまでの業種区分においては、解体工事は、特別の建設工事の種類として位置づけられておらず、「とび・土工工事業」の許可を有することとして運用されてきました。しかしながら、現行の業種区分が制定された昭和46年当時と比して、高度経済成長期に建設された高層ビル等の高度な技術を必要とする解体工事が始まっているなど、解体工事に関し、施工技術の専門化や施工実態の変化といった事情が生じ、また、一定の市場規模が見込まれることを踏まえ、新たな建設工事の種類として解体工事業を追加することとされました。

具体的には、解体工事業の追加の背景として、以下の点が挙げられます。

① 重大な公衆災害の発生（現場の外側に外壁が倒壊し通行者が死傷するなど）や環境等の視点（アスベスト等有害物質を含む建材の適正な処理、保管等）からの課題が大きく、業種新設によって、必要となる実務経験や資格を有し安全管理、施工方法、法令等により精通した技術者の配置や適切な施工管理が行われることにより、課題解決に向けて顕著な効果が期待されること

② 技術者資格等の観点からは、解体工事は、一定の技術基準があるなど技術が専門化しており、また、現行の解体工事施工技士資格の普及状況等を踏まえると、対応する技術者資格の設定が可能であること

③ 市場規模の面からは、今後、高度経済成長期以降に建設された建築物等が老朽化するため一定の工事量が見込まれること

建設業法改正関係【解体工事業の追加】

Q6 そもそも業種区分は何のためにあるのですか。また、現在の業種区分はどのような考え方で定められているのですか。

A 建設工事は、その種類ごとに必要な施工技術等が異なることから、建設業法においては、業種ごとに異なる許可を要することとするとともに、当該業種に関する実務経験や資格を有する技術者を各営業所及び工事現場に設置することを義務付け、業種ごとの施工能力の確保を図っています（業種区分制度）。

この業種区分は、これまで28に分けられており、建設業法において許可制度を採用した昭和46年に、施工能力を確保する観点から原則として施工実態や施工技術の相違に基づいて分類され、また、営業に関する許可でもあるため、市場規模や取引の慣行を踏まえ、さらに、建設業界の実態や意見も十分参酌して分類されたものです。

28の業種区分は、昭和46年以来改正されてこなかったため、今回の改正が、約40年ぶりの業種区分の見直しとなります。

改正前の業種区分一覧

建設工事の種類	
土木一式工事	板金工事
建築一式工事	ガラス工事
大工工事	塗装工事
左官工事	防水工事
とび・土工・コンクリート工事	内装仕上工事
石工事	機械器具設置工事
屋根工事	熱絶縁工事
電気工事	電気通信工事
管工事	造園
タイル・れんが・ブロック工事	さく井工事
鋼構造物工事	建具工事
鉄筋工事	水道施設工事
ほ装工事	消防施設工事
しゅんせつ工事	清掃施設工事

建設業法改正関係【解体工事業の追加】

Q7 今回の業種区分の見直しの経緯と考え方を教えて下さい。

A 現在の業種区分は、取引実態等からみれば概ね安定的に機能してきたと言えます。しかしながら、近年、疎漏工事や重大な公衆災害が発生している工種も見られることから、業種区分の新設が必要なものについて、国土交通省の中央建設業審議会・社会資本整備審議会基本問題小委員会において検討が行われてきました。検討にあたっては、業種区分の新設が、工事の品質確保に効果がある反面、新設業種に対応した技術者の確保・配置など規制の強化につながる等の影響があることを考慮して検討されてきました。

業種区分の見直しに際しては、まず、前提として、

① 規制の強化等の影響や社会的負担の増加と比較考量しても、疎漏工事のリスク低減など適正な施工の確保又は社会的課題に顕著な効果が見込まれること

② 当該工事に必要な技術が専門化しており、また、対応する技術者資格等が設定できること

③ 現在、ある程度の市場規模があり、今後とも工事量の増加が見込まれること

が必要であると考えられます。

また、長い間に形成されてきた商慣行等の秩序を乱す恐れもあるため、業界内での意見調整、準備の熟度が高まっていることも必要であると考えられます。

以上の考え方を踏まえ、Q5の背景から、解体工事業を新設することとされました。

建設業法改正関係【解体工事業の追加】

Q8 これまで、解体工事を行うには建設業の許可は必要なかったのですか。

A これまで、解体工事は、「工作物の解体等を行う工事」として、「とび・土工・コンクリート工事」に含まれていました（昭和47年建設省告示第350号「建設業法第2条第1項の別表の上欄に掲げる建設工事の内容」）。したがって、解体工事業を営むためには、とび・土工工事業の許可が必要とされていました（総合的な企画、指導、調整が必要な工事については、土木工事業又は建築工事業の許可が必要）。

一方、500万円未満の軽微な建設工事のみを請け負おうとする者については、建設業の許可は必要とされません。しかし、解体工事については、別途、建設リサイクル法において、軽微な建設工事のみを請け負う者であっても、別途、「解体工事業」の登録が必要とされていました。

今後、解体工事業を営むためには、解体工事業の許可が必要になりますが、500万円未満の軽微な解体工事のみを請け負おうとする者について、建設業法に基づく解体工事業の許可は不要であるものの、建設リサイクル法に基づく解体工事業の登録が必要であるという構図には変わりありません。

建設業法改正関係【解体工事業の追加】

Q⑨ 解体工事業の許可を取得するためにはどのようにすればいいですか。

A 建設業の許可の要件としては、
① 経営能力（経営業務管理責任者の設置）（建設業法第7条第1号）
② 技術力（営業所専任技術者の配置）（同条第2号）
③ 誠実性（同条第3号）
④ 財産的基礎（同条第4号）
が求められます（ただし、欠格要件（建設業法第8条各号）に該当する場合は許可されません。）。

このうち、③及び④は、業種に関係なく必要とされる要件は同一です。

一方、①及び②については、業種毎に必要とされる要件が異なります。

①については、法人である場合には役員のうち常勤であるものの一人が、個人である場合においてはその者又はその支配人のうち一人が、許可を受けようとする建設業に関し5年以上経営業務の管理責任者としての経験を有する者であることが必要です（許可を受けようとする建設業以外の建設業に関し7年以上経営業務の管理責任者としての経験を有する者等、同等の能力を有する者でも可能です。）。したがって、解体工事業の許可を取得するためには、解体工事業に関し5年以上経営業務の管理責任者としての経験を有する者が、常勤の役員（個人の場合はその者または支配人）に必要とされることとなります。ただし、経営業務の管理責任者については経過措置が設けられており、解体工事業の許可の基準については、施行日前のとび・土工工事業に関する経営業務の管理責任者としての経験は、解体工事業に関する経営業務の管理責任者としての経験と認められることとされています（改正法附則第3条第5項）。

また、②については、営業所に専任の技術者を置くことが要件とされていますが、業種毎に、技術者に必要な実務経験や資格が定められています。解体工事業の許可の取得に際しても、必要な実務経験や資格を有する技術者を営業所に専任で置くことが求められることとなりますが、当該必要な実務経験や資格については、現在国土交通省において検討中です。

建設業法改正関係【解体工事業の追加】

Q10 解体工事業の新設に関する経過措置の概要について教えて下さい。

A　解体工事業については、これまでの運用上、とび・土工工事業に含まれていました。

　解体工事業の新設により、解体工事業を営むに際し解体工事業の許可を得なければならないこととなりますが、現在とび・土工工事業の許可を有して解体工事業に該当する営業を営んでいる者については、円滑に解体工事業の許可に移行できるようにする必要があります。このため、改正法においては、既存業者に対して一定の準備期間を設けた上で、その間に新たに解体工事業の許可を取得してもらえるようにすることとされました。

　具体的には、まず、公布日から施行（解体工事業の許可取得の開始）まで約2年間という十分な周知期間を置いたうえで、施行日から3年間は移行期間とし、当該期間内は、従来からとび・土工工事業の許可を得ている建設業者は、解体工事業の許可を受けないでも、引き続き解体工事業を営めることとされました。この間、当該建設業者は、解体工事又はとび・土工・コンクリート工事に関する技術者要件を満たす技術者を現場に配置することにより、解体工事を施工することができることとされました。すなわち、施行日時点でとび・土工工事業の許可を有している者は、公布日から約5年間は、従来どおり解体工事業を営むことができることとなります。

＜建設業法改正関係【暴力団排除条項の整備】＞

Q11 今回暴力団排除条項を整備した趣旨を教えて下さい。

A これまで、運用上、建設業の許可の際には、申請者の役員が暴力団の構成員である場合などには、許可をしないこととしてきました。しかし、要件が法律上明確でなく、

・許可の欠格要件や取消事由に位置づけられていないことから、許可後に暴力団員が役員に入った場合などには取消ができないこと
・元暴力団員が排除の対象となっていないことから、偽装離脱した暴力団員を排除できないこと
・欠格要件等の対象となる役員が取締役等に限られていることから、相談役や顧問に暴力団員がいても不許可や取消ができないこと

等の問題がありました。

このため、建設業の許可に係る欠格要件に暴力団員であること等を明確に位置づけるなど、暴力団排除条項を整備することとされました。

建設業法改正関係【暴力団排除条項の整備】

Q12 今回の暴力団排除条項の整備の詳しい内容を教えて下さい。

A

建設業の許可に係る欠格要件及び取消事由に、
・暴力団員（役員等がこれに該当する場合を含む。）
・暴力団員でなくなった日から５年を経過しない者（役員等がこれに該当する場合を含む。）
・暴力団員等がその事業活動を支配する者

が追加されました。これにより、許可や更新の後に暴力団員が役員等になった場合や、発覚した場合にも、許可を取り消すことができるようになります。

また、欠格要件や許可申請書の記載事項等の対象となる「役員」の範囲を拡大し、「役員等」として、取締役や執行役に加え、相談役や顧問など法人に対し取締役と同等以上の支配力を有する者も含めることとされました。これにより、取締役以外に暴力団員等が含まれる場合にも、許可をしないことや、許可を取り消すことができるようになります。

建設業法改正関係【暴力団排除条項の整備】

Q13 これまで建設業からは暴力団は排除されていなかったのですか。

A これまでは、建設業許可の申請者の役員が暴力団の構成員である場合及び暴力団により実質的な経営上の支配を受けている場合については、許可の積極要件である、申請者又は役員が「請負契約に関して不正又は不誠実な行為をするおそれが明らかな者でないこと」（建設業法第7条第3号）の要件を満たさないものとして、許可や許可の更新を行わないこととされてきました。

しかし、建設業法第7条第3号は許可の要件ではあるものの、取消事由には含まれていないため、許可後にこの要件を満たさないことが発覚しても許可を取り消すことができないなどの課題がありました。（詳細はQ11）

＜建設業法改正関係【許可申請書等の閲覧制度の見直し】＞

Q14 許可申請書等の閲覧制度を見直した趣旨を教えて下さい。

A 現行では、許可申請書、変更届出書等（以下「許可申請書等」と言います。）については、全ての書類を公衆の閲覧に供することとされています。これは、建設工事の注文者・下請負人等に、当該建設業者の施工能力、経営状況等に関する情報を提供し、適切な建設業者の選定の利便等に供する目的で行っているものです。

閲覧の対象には、許可申請書等に記載又は添付されている技術者の学歴・職歴、役員の住所等の個人情報も含まれていますが、建設業法制定当時（昭和24年）と比べ、個人情報保護の社会的要請が高まっていることから、個人情報は公衆の閲覧に供しないとする取扱いが適当であると考えられます。

建設業法改正関係【許可申請書等の閲覧制度の見直し】

Q15 許可申請書等の閲覧制度の見直しの概要と、それに伴う許可申請書の記載事項の変更について、概要を教えて下さい。

A 許可申請書等について、閲覧対象となるものとそれ以外のものに分け、個人情報が記載されている①経営業務管理責任者及び営業所の専任技術者の証明書(建設業法第6条第1項第5号。学校の卒業証明書等が含まれる。)を閲覧対象から除外するとともに、②省令で定める添付書類(同項第6項並びに第11条第2項及び第3項の一部)については閲覧の有無を省令に委任することとされました。(建設業法第13条)

一方で、経営業務管理責任者及び営業所の専任技術者の設置は、建設業者に最も必要とされる経営能力及び施工能力を担保する許可の根幹となる要件であるため、これらの者の氏名については、許可の際の基本的な情報として申請書本体に記載することとし、今後も閲覧対象とされました。(建設業法第5条第5号)。

建設業法改正関係【許可申請書等の閲覧制度の見直し】

Q16 許可申請書等の閲覧制度に関する経過措置について教えて下さい。

A 許可申請書等の閲覧制度の見直しについては、改正法の施行前に既に提出され、閲覧に供せられている書類に対して施行日から一律に改正法を適用した場合、許可行政庁は、改正後の規定に対応し、施行日までに一度に膨大な量の書類を閲覧に供する書類と供しない書類に分類する必要が生じてしまいます。このため、改正法の規定は、施行後に提出された書類について適用し、施行前に既に提出された書類についてはなお従前の例によることとされました（改正法附則第2条第2項）。

＜建設業法改正関係【担い手育成等の責務について】＞

Q17 担い手育成等の責務を追加した理由を教えて下さい。

A 　近年、建設投資の大幅な減少により受注競争が激化し、建設工事においていわゆるダンピング受注が増加してきました。その結果、下請企業へのしわ寄せが生じ、技能労働者の賃金が下落するなど、就労者の労働環境が悪化し、工事現場を担う技能労働者の高齢化と入職者の減少が他産業と比べ大幅に進行（29歳以下の割合：10.2％（建設業）、16.6％（全産業）（平成25年））しており、今後の技術者や技能労働者など現場における工事の担い手の減少が強く懸念される状況となっており、その確保が喫緊の課題です。

　建設工事の担い手を将来にわたって確保するためには、個々の建設業者の積極的な取組が必要不可欠です。加えて、個々の建設業者のみならず、建設業者団体が、自主的に、また、組織力を活かして効率的に取組を進めることも必要不可欠です。このため、建設業者や建設業者団体の責務として、建設工事の担い手の育成及び確保等に努めなければならない旨が規定されました。

建設業法改正関係【担い手育成等の責務について】

Q18 建設業者の責務と、建設業者団体関係の改正の内容を教えて下さい。

A

　これまでにも、建設業者は、「施工技術の確保に努めなければならない」とその責務が規定されていましたが、まず、今回の改正では、「施工技術の確保」の例示として、「建設工事の担い手の育成及び確保」が明記され、建設業者による担い手の育成・確保の責務が明らかになりました。建設業法に「担い手」という言葉が規定されるのは、建設業法制定以来65年の歴史の中で、初めてのことです。

　また、建設業者団体に関する責務規定も今回の改正で新たに設けられ、建設業者団体は、その事業を行うに当たっては、建設工事の担い手の育成及び確保その他の施工技術の確保に資するように努めなければならない旨が規定されました。これに対応し、国土交通大臣は、建設業者団体が行う建設工事の担い手の育成及び確保その他の施工技術の確保に関する取組の状況について把握するよう努めるとともに、当該取組が促進されるように必要な措置を講ずるものとされました。

　さらに、現行では、建設業者団体の行う事業として調査、研究及び指導が明示されているところ、担い手の育成・確保のためには、技術者等への講習や若手入職者促進のための広報を行うことが期待されることから、建設業者団体の事業として、講習及び広報が明示されました。

建設業法改正関係【担い手育成等の責務について】

Q19 建設業者や建設業者団体は、どのような取組みを行うことが求められるのでしょうか。

A 建設業者や建設業者団体に期待される取組として、例えば、
・技能労働者、技術者等（以下「技能労働者等」という。）に対する講習・研修の実施等の人材育成
・技能労働者等への適切な賃金支払いや社会保険加入の徹底等の就労環境の整備
・下請契約における請負代金の適切な設定及び適切な代金の支払い等元請下請取引の一層の適正化
・広報等による若年者や女性の入職促進
などが考えられます。

建設業法改正関係【担い手育成等の責務について】

Q20 国土交通大臣は、具体的にどのように建設業者団体の取組を支援するのでしょうか。

A 国による具体的な支援としては、例えば、
① 建設業者団体が独自に実施しているモデル的な資格・研修制度を国が取り上げて公表し、その活動の拡大を支援すること、
② 必要に応じて、より効果的な取組となるよう団体間の調整や助言等を行うこと、
③ さらに、熟度の高い取組は国の公的制度として位置づけること
などによる建設業者団体の取組の加速化が想定されます。

実際に、建設業法施行規則の改正により、建設業者団体は、担い手の育成及び確保その他の施工技術の確保に関する取組を実施している場合には、当該取組の内容を国土交通大臣に届け出ることができることとされました。また、国土交通大臣は、当該取組が促進されるように必要な措置を講ずることとされています。

＜建設業法改正関係【その他の改正について】＞

Q21 見積書の「提示」の義務が「交付」に改正された理由を教えて下さい。

A 見積書は、契約締結前に注文者が工事内容や請負代金額の妥当性を判断するための材料となるだけでなく、単価や数量、仕様等の工事に係る重要情報が記載されているため、施工段階において注文者が施工の適正さを確認するための材料ともなります。

　現在は注文者から請求された場合における見積書の「提示」が義務付けられていますが、住宅リフォーム工事など注文者が消費者である工事が増加しており、見積書が手元にないことによる契約後のトラブルを防止し、注文者が見積書に照らして適正に工事が施工されているかを確認する上でも、単なる「提示」ではなく「交付」することが必要であるため、「交付」の義務付けとされました。

＜入札契約適正化法改正関係【ダンピング防止の追加】＞

Q22 今回入札契約適正化の柱としてダンピング防止を追加した趣旨を教えて下さい。

A 入札契約適正化法においては、第3条において、公共工事の入札及び契約の適正化の基本原則が位置づけられており、本条各号を基本として、各章の施策及び第15条（新第17条）の適正化指針の記載事項が規定されています。

改正前の入札契約適正化法第3条においては、
- 透明性の確保
- 公正な競争の促進
- 談合等の不正行為の排除の徹底
- 公共工事の適正な施工

が列挙されていました。しかし、平成12年の入札契約適正化法制定当時と比べ、建設投資の大幅な減少により受注競争が激化し、公共工事において適正な施工が見込めないような低価格での受注、いわゆるダンピング受注が増加してきました。ダンピング受注は、建設業の健全な発達を阻害するとともに、特に、工事の手抜き、下請企業へのしわ寄せ、労働条件の悪化、安全対策の不徹底等につながりやすいことから、その排除は重要な課題です。

このため、ダンピング受注を防止するため、公共工事の入札及び契約の適正化の基本となるべき事項として、ダンピング受注の防止（その請負代金の額によっては公共工事の適正な施工が通常見込まれない契約の締結が防止されること）が位置づけられました（入札契約適正化法第3条新第4号）。

入札契約適正化法改正関係【ダンピング防止の追加】

Q23 入札契約適正化の柱としてダンピング防止を追加したことで、どのような意味があるのでしょうか。

A 入札契約適正化の柱としてダンピング受注の防止が位置づけられたことを受け、本改正においては、

・入札の際の入札金額の内訳の提出を義務付けるほか、

・適正化指針(入札契約適正化法第15条(新第17条))についても、ダンピング受注の防止のための記載事項を追加する(新第17条第2項第4号)

こととされました。

適正化指針の記載事項の追加は、平成26年9月20日から施行されており、この改正を受けて、適正化指針についても所要の改正が行われています(平成26年9月30日閣議決定)。具体的には、ダンピング対策として、これまでにも低入札価格調査制度や最低制限価格制度の適切な活用を求めていましたが、今回の法改正を受け、これらの制度の「活用の徹底」を発注者に求めることとしました。また、改正適正化指針においては、他にも、適正な積算に基づく設計書金額の一部を控除するいわゆる歩切りについて、品確法の規定に違反する旨を明記したほか、適正な契約変更の実施、社会保険等未加入業者の排除などについても規定されています。

入札契約適正化法改正関係【ダンピング防止の追加】

公共工事の入札及び契約の適正化を図るための措置に関する指針（適正化指針）改正の概要（平成26年9月30日閣議決定）

適正化指針とは：入契法（※1）に基づき、国土交通大臣、総務大臣・財務大臣の3大臣が案を作成し、閣議決定。

- 発注者（国、地方公共団体、特殊法人等）は、適正化指針に従って措置を講ずる努力義務
- 上記3大臣は、各発注者に措置の状況の報告を求め、その概要を公表
- 国土交通大臣及び財務大臣は各省各庁の長に対し、国土交通大臣及び総務大臣は地方公共団体の長に対し、特に必要と認められる措置を講ずべきことを要請

✓ ダンピング防止を入札契約適正化の柱として追加する入契法の改正法が成立
✓ 予定価格の適正な設定、ダンピング防止、適切な設計変更を発注者を発注者等に求めるべき責務として規定する品確法（※2）の改正法が成立

（※1）公共工事の入札及び契約の適正化の促進に関する法律
（※2）公共工事の品質確保の促進に関する法律

改正のポイント

I. ダンピング対策の強化
低入札価格調査制度又は最低制限価格制度の適切な活用の徹底を求める

II. 歩切りの根絶
歩切りについて、品確法に違反する旨を明記

III. 適切な契約変更の実施
追加・変更工事が必要な場合における書面による変更契約の締結や、必要な費用・工期の変更について、これを行わない場合、建設業法に違反する旨を明記し、改めてその適切な実施を求める

IV. 社会保険等未加入業者の排除
元請業者については競争参加資格審査等により、下請業者については建設業許可行政庁への通報等により、社会保険等未加入業者の排除を求める

V. 談合防止策の強化
予定価格作成を入札書提出後とする等、職員に対する不当な働きかけ等が発生しにくい入札契約手続の導入を追記

適正化指針改正後の運用強化（案）

○低入札価格調査制度等を未導入の地方公共団体に対し、その導入等を要請
○歩切りについては調査を実施し、疑わしい地方公共団体等に個別に説明聴取。必要に応じ個別発注者名を公表することにより、改善を促進

― 36 ―

＜入札契約適正化法改正関係【内訳書の提出義務付け】＞

Q24 今回の改正で入札金額の内訳書の提出を義務付けた理由は何ですか。

A 現行制度においては、公共工事の入札の際には、価格をもって申し込みをすることとされており、入札金額の内訳を提出することについては義務付けられていません。しかしながら、入札の際の入札金額の内訳の提出を求めることは、

・適切な見積を行わずダンピング受注を行う者や、見積能力がないにもかかわらず最低制限価格で応札する者を排除することができること
・発注者が提出された内訳を確認することにより、談合等の不正行為やダンピング受注を防止できること

から、ダンピング受注の防止のみならず不良不適格業者の排除や談合等の防止にも極めて効果的であることから、公共工事の入札の申込みに際し、建設業者に入札金額の内訳書の提出を義務付けることとされました（入札契約適正化法新第12条）。

また、入札金額の内訳書は、その内容を確認することにより、談合等の不正行為の排除やダンピング受注の防止に資することから、発注者は、不正行為の排除や適正な施工が見込まれない請負代金額での契約の締結の防止のため、提出された内訳書の確認その他の必要な措置を講ずる旨の責務が規定されました（入札契約適正化法新第13条）。

入札契約適正化法改正関係【内訳書の提出義務付け】

入札金額の内訳書とはどのようなものですか。

　　　一般的な入札金額の内訳書としては、見積もられた金額を、大きな区分としては
　　　・直接工事費（材料費、労務費等）
・共通仮設費（運搬費、安全費等）
・現場管理費（労務管理費、租税公課、保険料等）
・一般管理費（役員報酬、事務用品費等）
に分けて記載するものです。

入札契約適正化法改正関係【内訳書の提出義務付け】

入札金額の内訳書の提出について

これまで、公共工事の入札の際、入札金額の内訳書を提出することは法律上義務とはされていなかった。
（＝総額での入札が原則。）

○入札金額の内訳書のイメージ
（地方公共団体発注の少額工事における簡易な様式の例）

工　事　費　内　訳　書

工事名	道路改築工事
工事場所	○○市○○町

工種等	見積金額（円）
土工	
法面工	
擁壁工	
雑工	
直接工事費	
共通仮設費	
現場管理費	
一般管理費	
工事価格	

入札金額の内訳提出の効果

- 見積能力の無い**不良・不適格業者の参入排除**
- 積算もせずに**ダンピング受注**を行おうとする業者の排除
- **談合**等の不正行為の排除

入札金額の内訳提出の現状

- 平成24年9月現在、**約4分の3**の発注者は何らかの内訳の提出を求めている。

※ 国：14/19、特殊法人等：123/126、都道府県：47/47、指定都市：20/20、市区町村：1249/1721

※ 大規模な工事等、一部の工事にのみ求めている場合も多い。

出典：「入札契約適正化法等に基づく実施状況調査 国土交通省・総務省・財務省」

改正法における措置（H27.4.1に施行）

○見積能力のない業者が積算もせず最低制限価格で入札するなどの事態を排除するため、**入札の際に、建設業者が入札金額の内訳書を提出すること**を、法律上求める。

入札契約適正化法改正関係【内訳書の提出義務付け】

Q26 内訳書の提出は全ての公共工事で必要となるのでしょうか。また、再度入札の際にまで内訳書の提出は必要なのでしょうか。

A 入札契約適正化法新第12条においては、「入札に係る申込みの際に」入札金額の内訳書を提出することが求められていますので、全ての公共工事の入札（一般競争入札又は指名競争入札）において入札金額の内訳書の提出が必要となります。随意契約の場合は義務付けられていません。

　また、再度入札の場合、通常、開札から直ちに行われることから、内訳書の再提出は物理的に困難であると考えられるため、入札金額の内訳書については、最初の入札に係る申込みの際の提出が想定されます。なお、発注者の判断により2回目以降の入札において提出を求めることを否定するものではありません。

入札契約適正化法改正関係【内訳書の提出義務付け】

Q27 提出された内訳書について、発注者はどのように確認するのでしょうか。

A 発注者の責務として、不正行為の排除や適正な施工が見込まれない請負代金額での契約の締結の防止のため、提出された内訳書の確認その他の必要な措置を講じなければならないこととされています（入札契約適正化法第13条）。具体的には、例えば、

・公告等において入札説明書等に定めるところにより、内訳書の内容に不備（例えば入札書の提出者名の誤記、工事件名の誤記、入札金額と内訳書の総額の著しい相違等）がある場合には、原則として当該内訳書を提出した者の入札を無効とすること
・低入札価格調査の際に内訳書の内容を比較する等により活用すること
・談合情報が寄せられた場合など、談合の可能性が疑われるときに、内訳書の内容を比較するなどにより、入札手続を中止する、関係機関に内訳書を提出する等の対応をとること

などが考えられますが、具体的な確認手法については各発注者の体制などに応じて、各発注者が判断することになります。

入札契約適正化法改正関係【内訳書の提出義務付け】

Q28 入札金額の内訳書の提出に関する経過措置について教えて下さい。

A 本改正においては、入札金額の内訳の提出を義務付けることとされていますが、改正法の施行の際既に入札に付されており（一般競争入札の場合においては公告、指名競争入札の場合においては指名が行われている場合。）、施行日をまたいで入札期間が設定されている場合においては、施行日前後で義務の内容が異なることとなり、不公平が生じてしまいます。このため、施行の際現に入札に付されている公共工事については、入札契約適正化法新第12条の規定（入札金額の内訳書の提出）は、適用しないこととされています。（改正法附則第4条第1項）

＜入札契約適正化法改正関係【施工体制台帳の作成・提出義務の拡大】＞

Q29 今回の改正で施工体制台帳の作成・提出義務を拡大した理由を教えて下さい。

A 現行では、建設業法により、一定金額以上の下請契約を締結する元請である特定建設業者は、施工体制台帳を作成し、現場に施工体制台帳を備え付ける義務が課されています。また、公共工事については、入札契約適正化法により、受注者から発注者への施工体制台帳の写しの提出が義務付けられています。

近年、工事一件当たりの規模が小さい維持・修繕工事の割合が増加していることや、施工体制台帳制度導入後約20年が経過して入札契約適正化法制定時と比べ制度が定着していることから、施工体制台帳の作成・提出義務の範囲を拡大し、より一層の適正施工を確保することが適切です。

このため、公共工事の受注者である建設業者が下請契約（金額問わず）を締結する場合について、当該建設業者に対し施工体制台帳の作成・提出を義務付けるとともに、施工体制台帳の作成に不可欠な再下請負通知を下請負人に義務付けることとされました（入札契約適正化法新第15条）。

入札契約適正化法改正関係【施工体制台帳の作成・提出義務の拡大】

Q30 施工体制台帳はこれまでどのような場合に作成・提出する必要があったのでしょうか。

A 建設業法第24条の7の規定により、一定金額（3,000万円。建築一式工事については4,500万円）以上の下請契約を締結する元請である特定建設業者は、下請を含めた施工体制等について総括的かつ確実に把握することで工事の適正施工に資するよう、施工体制台帳を作成し、発注者が施工体制を確認する場合に備え、現場に施工体制台帳を備え付ける義務が課されていました。また、国民の負担で行われる公共工事では、民間工事に比して適正施工の確保がより一層求められるため、入札契約適正化法第13条により、随時変化する施工体制を発注者が常時的確に把握できるよう、受注者に発注者への施工体制台帳の写しの提出を義務付けてきました。しかし、提出義務が課される受注者の範囲は、建設業法で作成が義務付けられた者に限定されていました。

入札契約適正化法改正関係【施工体制台帳の作成・提出義務の拡大】

Q31 施工体制台帳にはどのような事項を記載する必要があるのでしょうか。

A 施工体制台帳は、元請企業及び工事に関わるすべての下請企業について、許可の種類、工事の内容・工期、技術者の配置状況、社会保険の加入状況等が記載されたもので、当該工事の施工体制全体を把握できるものです。具体的には、施工体制台帳には、元請企業に関する事項として、

・許可を受けて営む建設業の種類
・社会保険等の加入状況
・建設工事の名称、内容、工期
・監理技術者の氏名及び資格等

を記載することとされています。また、下請企業に関する事項として、

・商号又は名称及び住所
・許可を受けた建設業の種類
・社会保険等の加入状況
・建設工事の名称、内容、工期
・主任技術者の氏名及び資格等

を記載することとされています。このほか、添付書類として、

・請負契約の契約書の写し(公共工事の場合は請負代金額を明記する必要)
・監理技術者又は主任技術者の資格を有することの証明書類

が必要となります。

　本改正により、一般建設業者が主任技術者を置いて公共工事を施工する場合も施工体制台帳の作成が必要になることから、元請企業が主任技術者を置いて施工する場合には、主任技術者の氏名及び資格等も元請企業に関する事項として記載することが必要になります。

　また、建設業法施行規則の改正により、外国人建設就労者及び外国人技能実習生の就労状況も元請企業及び下請企業に関する事項として記載事項に追加されます(詳細はQ51)。

入札契約適正化法改正関係【施工体制台帳の作成・提出義務の拡大】

Q32 施工体制台帳の作成・提出義務の拡大に関する経過措置について教えて下さい。

A 本改正においては、施工体制台帳の作成・提出義務を拡大することとされていますが、施行前に既に契約の締結が行われている公共工事については、契約締結時点では義務ではなかった施工体制台帳の作成・提出の義務が新たに義務となってしまうこととなり不適当であることから、そのような工事の施工についてはなお従前の例によることとされました。（改正法附則第4条第2項）

＜入札契約適正化法改正関係【発注者から許可行政庁への通知義務の追加】＞

Q33 発注者から許可行政庁への通知義務を追加した趣旨を教えて下さい。

A 今般、建設業法においては、暴力団員又は暴力団員でなくなった日から5年を経過しない者及び暴力団員等が事業活動を支配する者を、許可の欠格要件に位置づけるとともに、許可の取消事由にも追加することとされています（Q12参照）。

公共工事の発注者は、施工体制台帳や現場の監督により当然に現場の施工体制を把握しており、現場において受注者の中にこれらの者が存在することを認知できることから、公共工事の発注者から建設業許可行政庁への通知を義務付けることにより、建設業法の改正における暴力団排除条項の追加の実効性を担保し、建設業からの暴力団排除を徹底することとされました。

入札契約適正化法改正関係【発注者から許可行政庁への通知義務の追加】

Q34 「疑うに足る事実」とは具体的にどのようなものを想定しているのでしょうか。

A たとえば、主に警察から発注者への通報があった場合などが想定されますが、他にも、関係者からの情報提供（いわゆるタレコミ）があり、警察への相談等により確実性が高まった場合等も想定されます。

入札契約適正化法改正関係【発注者から許可行政庁への通知義務の追加】

Q35
通知を受けた許可行政庁は、当該建設業者に対してどのような措置を講ずるのでしょうか。

A
実際に取消事由に該当することが認められれば、建設業法第29条第1項の規定により、許可を取り消すことが考えられます。

入札契約適正化法改正関係【発注者から許可行政庁への通知義務の追加】

Q36
通知された際に施工していた工事については、どうなるのでしょうか。

A
通知後、取消事由に該当することが認められ、許可が取り消された場合であっても、建設業法第29条の3の規定により、現に施工中の建設工事については、引き続き施工することができることとされています。

なお、公共工事の契約の際に用いられる約款のひな形である公共工事標準請負契約約款（昭和25年中央建設業審議会勧告）においては、暴力団排除条項が設けられており、元請が暴力団関係者であるときは、発注者が契約を解除できることとされています。また、下請が暴力団関係者の場合には元請に当該事業者との契約解除を求め、これに従わなかったときには元請との契約を解除できることとされています。

このため、発注者が、公共工事標準請負契約約款に沿って契約約款に暴力団排除条項を盛り込んでいれば、契約を解除することが考えられます。

＜浄化槽法改正関係＞

Q37 今回の浄化槽法の改正の概要を教えて下さい。

A 建設業法において、建設業の許可の欠格要件及び取消事由に暴力団員であること等が追加されましたが、建設業の一類型である浄化槽工事業の登録についても、暴力団を排除するための規定が追加されました。（浄化槽法第24条新第5号及び新第9号並びに第32条）。すなわち、浄化槽工事業の登録拒否事由及び登録取消事由に、

・暴力団員（役員がこれに該当する場合を含む。）
・暴力団員でなくなった日から5年を経過しない者（役員がこれに該当する場合を含む。）
・暴力団員等がその事業活動を支配する者

が追加されました。

また、建設業法の改正と同様に、現行制度において対象となっていない相談役、顧問等の名で実質的には役員と同等以上の支配力を有している者についても、役員同様、登録拒否事由及び登録取消事由に位置づけることとするとともに、申請書の記載事項の「役員」の範囲も拡大することとされました（浄化槽法第22条）。

Q38 建設業法とあわせて、浄化槽法においても暴力団排除条項を整備する趣旨は何ですか。

A 浄化槽法における浄化槽工事業は建設業の一類型(「管工事業」の一部)であり、浄化槽法は、建設業許可が不要な500万円未満の工事のみを請け負う者を浄化槽工事業の登録の対象としています。したがって、仮に、建設業法のみ暴力団排除のための措置を講じ、浄化槽法で措置を講じない場合、暴力団関係の業者が、規制逃れのために建設業許可が不要な500万円未満の浄化槽工事の受注を専門に行うようになるという事態が生じえることから、建設業を営む者からの暴力団排除という目的が十分に達成されないおそれがあります。

このため、建設業における暴力団の排除を徹底するためには、建設業法と同時に、浄化槽法においても、暴力団排除条項を整備する必要があります。

＜建設リサイクル法関係＞

Q39 今回の建設リサイクル法の改正の概要を教えて下さい。

A 建設業法において、建設業の許可の欠格要件及び取消事由に暴力団員であること等が追加されましたが、建設業の一類型である解体工事業の登録についても、暴力団を排除するための規定が追加されました。（建設リサイクル法第24条新第5号及び新第9号並びに第35条）。すなわち、解体工事業の登録拒否事由及び登録取消事由に、

・暴力団員（役員がこれに該当する場合を含む。）
・暴力団員でなくなった日から5年を経過しない者（役員がこれに該当する場合を含む。）
・暴力団員等がその事業活動を支配する者

が追加されました。

また、建設業法の改正と同様に、現行制度において対象となっていない相談役、顧問等の名で実質的には役員と同等以上の支配力を有している者についても、役員同様、登録拒否事由及び登録取消事由に位置づけることとするとともに、申請書の記載事項の「役員」の範囲も拡大することとされました（建設リサイクル法第22条）。

また、Q41で詳述するとおり、建設業法において解体工事業が新設されることに伴う改正も措置されています（建設リサイクル法第21条）。

建設リサイクル法関係

Q40 建設業法とあわせて、建設リサイクル法においても暴力団排除条項を整備する趣旨は何ですか。

A 建設リサイクル法における解体工事業は建設業の一類型（Q41参照）であり、建設リサイクル法は、建設業許可が不要な500万円未満の工事のみを請け負う者を解体工事業の登録の対象としています。したがって、仮に、建設業法のみ暴力団排除のための措置を講じ、建設リサイクル法で措置を講じない場合、暴力団関係の業者が、規制逃れのために建設業許可が不要な500万円未満の解体工事の受注を専門に行うようになるという事態が生じえることから、建設業を営む者からの暴力団排除という目的が十分に達成されないおそれがあります。

このため、建設業における暴力団の排除を徹底するためには、建設業法と同時に、建設リサイクル法においても、暴力団排除条項を整備する必要があります。

建設リサイクル法関係

Q41 建設リサイクル法の解体工事業と今回建設業法で新設される解体工事業はどのような関係にあるのですか。

A 改正前の建設業法においては、解体工事は、事実上とび・土工・コンクリート工事に含めて取り扱われていました。また、総合的な企画、指導、調整のもとに土木工作物又は建築物を解体する工事は、それぞれ、土木一式工事又は建築一式工事として取り扱われており、これは、改正法の施行後も変わりません。建設リサイクル法における解体工事業の登録制度は、建設業の許可が不要な500万円未満の解体工事のみを請け負う者を登録の対象としています。したがって、土木工事業、建築工事業又はとび・土工工事業の許可を有している者については、建設リサイクル法に基づく解体工事業の登録は不要とされていました（第21条）。

建設業法の改正により、「解体工事業」を新設し、解体工事業を営むにあたって、とび・土工工事業に代わって解体工事業の許可を要することとすることから、建設リサイクル法の登録が不要となる建設業の業種を「とび・土工工事業」から「解体工事業」に改正することとされました。

＜建設業法施行令改正関係＞

Q42 今回の建設業法施行令の改正の内容を教えて下さい。

A 改正法の施行のため、所要の規定を整備し、並びに建設業の許可及び監督の事務の合理化並びに不良不適格者の排除を図る必要があることから、「建設業法等の一部を改正する法律の施行に伴う関係政令の整備等に関する政令（平成26年政令第308号。以下「改正政令」という。）」が平成26年9月19日に公布され、建設業法施行令（昭和31年政令第273号）の一部が改正されました。改正内容は、以下のとおりです。

① 許可申請書等の閲覧制度の見直し

　建設業許可行政庁による許可申請書等の閲覧のうち、国土交通大臣許可業者の許可申請書等についての都道府県知事による閲覧を廃止することとされました。

② 技術検定の不正受検者に対する措置の強化

　技術検定の不正受検者に対し、三年以内の受検を禁止する措置を講じることとされました。

③ 立入検査をする職員の資格の緩和

　建設業者等に対し立入検査をする職員の資格のうち、一年以上の建設行政の経験要件を撤廃することとされました。

建設業法施行令改正関係

Q43 都道府県における大臣許可業者の閲覧を廃止する趣旨は何ですか。

A 建設業法第13条においては、国土交通大臣又は都道府県知事は、政令で定めるところにより、許可申請書等又はその写しを公共の閲覧に供する閲覧所を設けなければならないこととされています。そして、建設業法施行令第5条においては、国土交通大臣は、国土交通大臣の許可を受けた建設業者に係る許可申請書等を閲覧に供しなければならないこととされるとともに、都道府県知事は、

① 当該都道府県知事の許可を受けた建設業者に係る許可申請書等
② 国土交通大臣の許可を受けた建設業者で当該都道府県の区域内に営業所を有するものに係る許可申請書等

を閲覧に供しなければならないこととされています。

今般、改正法により、許可申請書等の閲覧制度が改正され、個人情報を閲覧の対象から除外することとされました。これに伴い、閲覧が義務付けられている国土交通大臣及び都道府県知事は、建設業者から提出された許可申請書等をそのまま閲覧に供することができなくなり、個人情報を除外した書類のみを切り出したファイルを作成する等の対応が必要となり、閲覧に係る事務量が大きく増加することとなります。

一方、現在、建設業者の受けている許可の種類、代表者の氏名、電話番号、資本金、営業所等の情報は、国土交通省の検索システムにより、一般人が個人のパソコン等を用いてインターネット上で検索することが可能となっています。

こうしたことから、閲覧制度を合理化し、上記②の閲覧を廃止することとされました。

改正政令の施行後も、国土交通大臣許可業者の情報は、国土交通省の検索システムにより検索することが可能であるほか、許可申請書等は、国土交通省地方整備局で引き続き閲覧に供されることとなります。

Q44 技術検定の不正受検者に対する措置を強化する趣旨は何ですか。

A 建設業法施行令第27条の9においては、技術検定に合格した者が不正の方法によって技術検定を受けたことが明らかになったときは、その合格を取り消さなければならないこととされていますが、次回以降の受検を禁止することができることとはされていません。

しかしながら、昨今、技術検定において受検資格の詐称等の不正受検が後を絶たない状況にあることから、不良不適格者の排除を徹底し、建設工事の適正な施工を確保するため、不正受検者に対して一定期間内における受検を禁止する等の措置を講ずる必要があります。

このため、国土交通大臣は、不正の手段によって技術検定を受け、又は受けようとした者に対して、合格の決定を取り消し、又は受けようとした技術検定を受けることを禁止することができることとし、当該処分を受けた者に対し、3年以内の期間を定めて技術検定を受けることができないものとすることができることとされました。

Q45 立入検査の資格要件を緩和する趣旨は何ですか。

A 建設業法施行令第28条においては、建設業法第31条第1項の規定による立入検査をする職員は、行政職俸給表（一）の適用を受ける国家公務員又はこれに準ずる都道府県の公務員で、一年以上建設に関する行政の経験を有する者でなければならないとされています。これは、立入検査権の乱用を防止し、適正な検査を実施するために設けられた制限であり、昭和24年の建設業法制定時から設けられているものです。

しかしながら、

- 今般の建設業法の改正に伴い、建設業の許可の欠格要件に暴力団員であること等を追加するなど、許可要件を強化したこととあわせて、立入検査の体制を人員面から強化する必要があること
- 建設業法制定時においては、建設省及び都道府県における建設業行政の実績がほとんどなく、個別の職員の資格を限定する必要があったものの、現在は建設業法制定から65年が経過し、許可行政庁である国土交通省及び都道府県が、組織として建設業行政の実績を長年積んできており、職員間でのノウハウの共有も図られていると考えられること

等に鑑みて、立入検査をする職員の資格を合理的な範囲に設定する必要があります。

このため、立入検査をする職員の資格のうち、「一年以上建設に関する行政の経験を有する者でなければならない」ことを撤廃することとされました。

建設業法施行令改正関係

Q46 建設業法施行令の改正の施行期日と経過措置について教えて下さい。

A 本政令は、建設業法等の一部を改正する法律の施行に伴い、関係政令の整備等を行うものであり、また、十分な周知期間を経る必要があることから、改正法と同日（平成27年4月1日）に施行することとされました。

また、技術検定の不正受検者に対する措置の強化に関係して、経過措置が設けられています。現行の建設業法施行令第27条の9においては、不正受検をした者に対する合格の取消しについて規定されていますが、本政令による改正により、不正受検をした者に対しては、合格の取消しに加え、一定期間の受検禁止措置を講ずることが可能となります。この際、当該規定の施行前に不正受検をした者については、受検の時点では本政令による改正を予期していません。このため、改正後の建設業法施行令第27条の9の規定にかかわらず、なお従前の例によることとする旨（一定期間の受検禁止措置は不可）の経過措置を設けることとされました。

＜建設業法施行規則改正関係＞

Q47 建設業法施行規則の改正の概要を教えて下さい。

A 改正法の施行のため、所要の規定を整備するとともに、建設業法施行規則（昭和24年建設省令第14号）等について所要の措置を講ずるため、建設業法施行規則等の一部を改正する省令（平成26年国土交通省令第85号。以下「改正規則」と言います。）が平成26年10月31日に公布され、建設業法施行規則、浄化槽工事業に係る登録等に関する省令（昭和60年建設省令第6号。以下「浄化槽省令」と言います。）及び解体工事業に係る登録等に関する省令（平成13年国土交通省令第92号。以下「解体省令」と言います。）が改正されました。改正の概要は以下の通りです。いずれも、平成27年4月1日に施行される予定です。

(1) 建設業法施行規則の一部改正

ア 許可申請書等の様式の見直し

改正法における役員の範囲の拡大及び閲覧制度の見直し（個人情報を閲覧の対象から除外）に伴い、並びに許可申請書等の簡素化を図るため、以下のとおり見直しを実施。

① 許可申請書の記載事項等の対象となる「役員」を「役員等」とする（取締役と同等の支配力を有する者として、相談役、顧問及び総株主の議決権の100分の5以上を有する株主等を追加。）。【第4条、様式第1号別紙1、様式第6号、第12号】

② 役員等の一覧表及び建設業法施行令第3条に定める使用人（以下「令3条の使用人」と言います。）の一覧表から生年月日及び住所を削除する。【様式第1号別紙1、様式第11号】

③ 役員等の一覧表に経営業務の管理責任者である者が明確になるよう欄を設ける。【様式第1号別紙1】

④ 営業所専任技術者の一覧表を許可申請書の別紙として追加する。【様式第1号別紙4（新設）】

⑤ 役員等及び令3条の使用人の略歴書を簡素化するため、職歴欄を削除し、住所、生年月日等に関する調書とする。【第4条、様式第12号、第13号】（経営業務の管理責任者についてのみ職歴の提出を求めることとする。【様式第7号別紙（新設）】）

⑥ 財務諸表への記載を要する資産の基準（重要性基準）を総資産（又は負債及び純資産の合計）の100分の1から100分の5に改正する。【様式第15号記載要領、様式第17号の3記載要領、様式第18号記載要領】

イ 許可申請書等の閲覧対象の限定【新設】

以下の書類について、個人情報が含まれることから、閲覧対象から除外。

① 経営業務管理責任者の要件を満たすことの証明書【様式第7号】
② 営業所専任技術者の要件を満たすことの証明書【様式第8号】
③ 国家資格者等・監理技術者一覧表【様式第11号の2】
④ 許可申請者又はその役員等及び令3条の使用人の調書（改正前の「略歴書」）【様式第12号、第13号】
⑤ 登記事項証明書等
⑥ 株主調書【様式第14号】
⑦ 納税額等が含まれる納税証明書

ウ その他建設業の許可に関する事務の見直し

① 国土交通大臣に提出すべき書類の部数について、従たる営業所のある都道府県の数分の写しは不要とし、正本及び副本各1通に限定する。【第7条】
② 一般建設業又は特定建設業の許可に際し必要な営業所専任技術者の要件を満たすことを証することができる書類として、監理技術者資格者証の写しを追加する。【第3条、第13条】

エ 一般建設業の営業所専任技術者（＝主任技術者）の要件の見直し【第7条の3】

① 主任技術者の要件について、以下の改正を実施。
・職業能力開発促進法による技能検定のうち、型枠施工の試験に合格した者等を大工工事業の主任技術者の要件に追加する。
・職業能力開発促進法による技能検定のうち、建築板金（ダクト板金作業）の試験に合格した者等を管工事業の主任技術者の要件に追加する。

② 職業能力開発促進法による技能検定のうち、コンクリート積みブロック施工、スレート施工及びれんが積みの廃止に伴い、主任技術者の要件から削除

オ 施工体制台帳の記載事項等の見直し【第14条の2、第14条の4】
　① 施工体制台帳の記載事項として、元請である建設業者が置く主任技術者の氏名等を追加する。
　② 施工体制台帳の記載事項及び再下請通知を行うべき事項として、外国人建設就労者の従事の有無及び外国人技能実習生の従事の有無を追加する。

カ 経営事項審査の客観的事項の見直し【第18条の3】
　経営事項審査の客観的事項に「若年の技術者及び技能労働者の育成及び確保の状況」を追加する。

キ 建設業者団体の届出制度の見直し【第23条】
　建設業者団体は、建設工事の担い手の育成及び確保その他の施工技術の確保に関する取組を実施している場合には、当該取組の内容を国土交通大臣に届け出ることができることとし、国土交通大臣は当該取組が促進されるよう必要な措置を講ずるものとする。

(2) 浄化槽工事業に係る登録等に関する省令の一部改正
　① 登録申請書の記載事項等の対象となる「役員」の定義を拡大する。【第3条、様式第1号、第3号】
　② 職歴欄を削除し、「住所、生年月日等に関する調書」とする。【様式第3号、第4号】

(3) 解体工事業に係る登録等に関する省令の一部改正
　① 登録申請書の記載事項等の対象となる「役員」の定義を拡大する。【第4条、様式第1号、第4号】
　②略歴欄を削除し、「住所、生年月日等に関する調書」とする。【様式第4号】

建設業法施行規則改正関係

Q48 許可申請書等の様式の見直しについて、その趣旨と改正内容を詳しく教えて下さい。

A　建設業法第5条及び第6条においては、一般建設業の許可申請書の記載事項及び添付書類が、第11条においては、一般建設業の変更届出書等の内容が、それぞれ規定されるとともに、建設業法第17条においては、特定建設業の許可につき、これらの規定が特定建設業に関して読み替えて準用されています。これら許可申請書等の記載事項等の詳細は、建設業法施行規則第2条から第7条の2まで、第8条から第10条の2まで及び第13条に規定されています。また、許可申請書等の様式についても、建設業法施行規則に規定されています（建設業法別記様式第1号から第20号の4、第22号の2及び第22号の3）。

　今回の改正規則では、様々な事由を背景として、総合的に許可申請書等の様式が見直された結果、多岐にわたる改正が行われました。まず、改正の背景となる事由は以下のとおりです。

① 改正法により、暴力団排除条項の整備（建設業法第8条）と併せて、欠格要件に該当する「役員」の範囲が、取締役のほか、顧問、相談役等も含めて「役員等」に拡大されるとともに、許可申請書等に記載する役員の範囲も「役員等」に拡大されたこと（建設業法第5条第3号及び第6条第1項第4号）。（Q12）

② 改正法により、許可申請書等の閲覧制度が見直され、個人情報を含む書類が閲覧の対象から除外されたこと（建設業法第13条）。（Q15）

③ ②に伴い、閲覧の対象から外れる経営業務管理責任者及び営業所専任技術者であることの証明書類（建設業法第6条第1項第5号。職歴、学歴等が含まれる。）に代わって、許可申請書の記載事項として新たにこれらの者の氏名が追加されたこと（建設業法第5条第5号）。（Q15）

④ ①～③の改正に伴い、許可申請書等の記載事項や添付書類が増加することも踏まえると、申請者の負担軽減を図る必要があること。

⑤ 財務諸表等の用語、様式及び作成方法に関する規則等の一部を改正する内閣府令（平成26年内閣府令第19号）により、財務諸表等の用語、様式及び作成方法に関する規則（以下「財務諸表等規則」と言います。）が改正され、財務諸表等へ

建設業法施行規則改正関係

の記載を要する資産の基準（いわゆる重要性基準）が総資産又は負債及び純資産の合計の100分の1から100分の5に変更されたこと。

⑥建設業法施行令の改正により、都道府県知事による国土交通大臣許可業者の許可申請書等の閲覧が廃止されたこと。（Q43）

⑦その他閲覧者の利便性の向上のための改正等を行う必要があること。

以上の背景を踏まえ、改正の概要は以下のとおりです。

(1) 許可申請書（建設業法施行規則第2条第1号に規定する様式第1号）関係

　ア．様式第1号本体（建設業許可申請書）関係
　　・許可申請書に記載する役員の範囲を拡大することに伴い、別紙による「役員」が「役員等」とされました（改正の背景①）。
　　・許可申請書の記載事項として営業所専任技術者の氏名が追加されたことに伴い、営業所専任技術者を別紙により記載することとされました（改正の背景③）。

　イ．様式第1号別紙1（役員等の一覧表）関係
　　・許可申請書に記載する役員の範囲を拡大することに伴い、「役員」が「役員等」とされました（改正の背景①）。なお、「役員等」としては、役員のほか、顧問、相談役その他役員と同等の支配力を有する者が含まれますが、他法令の例に倣い、一覧表には、顧問、相談役のほか、100分の5以上の株式を有する大株主等の記載を求めることとされました。
　　・個人情報である生年月日及び住所が削除されました（改正の背景②）。なお、役員等の住所及び生年月日は許可の審査に必要な情報ですが、これらについては別途調書（改正前の略歴書。様式第12号）に記載されているため、問題は生じません。
　　・許可申請書の記載事項として経営業務の管理責任者の氏名が追加されたことに伴い、経営業務の管理責任者が確認できる欄が設けられました（改正の背景③）。
　　・閲覧者がいつ時点の役員等の一覧表かが確認可能となるよう、記載年月日が追加されました（改正の背景⑦）。

　ウ．様式第1号別紙4（営業所専任技術者一覧表）関係【新設】
　　　許可申請書の記載事項として営業所専任技術者の氏名が追加されたことに伴い、営業所専任技術者の一覧表が別紙として追加されました（改正の背景

③)。なお、営業所専任技術者の一覧表については、改正前においても、許可の更新の際に提出を求めており（建設業法施行規則第3条第3項及び様式第8号⑵。同様式は今般の改正により削除（⑺参照））、新設する様式については、様式第8号⑵を踏襲しつつ、個人情報である生年月日を削除する等必要な修正を加えたものとされました。

⑵　工事経歴書（建設業法施行規則第2条第2号に規定する様式第2号）関係
　　本様式においては、許可申請者の工事経歴が記載されていますが、注文者及び工事名から個人情報が特定されることがないよう、記載要領にその旨注記されました（改正の背景②）。

⑶　使用人数（建設業法施行規則第2条第4号に規定する様式第4号）関係
　・本様式においては、許可申請者の使用人数が記載されていますが、閲覧者がいつ時点の使用人数か確認可能となるよう、記載年月日が追加されました（改正の背景⑦）
　・表現の適正化のため、記載要領における「労務者」に関する記述が削除されました（改正の背景⑦）。なお、本記述を削除したとしても、実質的な内容に影響はありません。

⑷　誓約書（建設業法施行規則第2条第6号に規定する様式第6号）関係
　　欠格要件に該当する役員の範囲を拡大することに伴い、改正法による建設業法第6条第1項第4号の改正に基づき、誓約書の対象も「役員」から「役員等」に拡大されました（改正の背景①）。

⑸　経営業務の管理責任者証明書（建設業法施行規則第3条第1項に規定する様式第7号）関係
　　役員等の略歴書から職歴欄を削除する改正（⑼参照）に伴い、許可の審査の際に職歴が必要となる経営業務の管理責任者に限っては、別途略歴書の提出を求めることとされました（改正の背景④による改正に伴うもの）。

⑹　一般建設業の営業所専任技術者の要件を満たすことの証明書類（建設業法施

行規則第3条第2項）関係

　　建設業法施行規則第3条第2項においては、一般建設業の許可に際し必要な営業所専任技術者の要件を満たすことの証明書類が規定されていますが、監理技術者資格者証は明記されていません。監理技術者資格者証は、監理技術者資格がある者に交付され（建設業法第27条の18）、当該監理技術者資格者証保有者がいかなる資格を有しているかが記載されています。このため、これを確認することにより、当該者が営業所専任技術者の要件を満たすかを確認することが可能であることから、許可申請者の負担軽減を図るため、営業所専任技術者の要件を満たすことの証明書類として、監理技術者資格者証が追加されました（改正の背景④）。特定建設業の許可に関しても同様の改正が行われています（⒆参照）。

⑺　専任技術者証明書（建設業法施行規則第3条第3項及び同項に規定する様式第8号）関係

　　改正前には、営業所専任技術者について、新規許可の際には詳細な証明書類（様式第8号⑴）が、更新の際には営業所専任技術者の一覧表（様式第8号⑵）の提出が求められていましたが、新規許可・更新を問わず、営業所専任技術者の一覧表の提出を求めることとされたこと（⑴ウ参照）から、重複する様式第8号⑵が削除されました（改正の背景③による改正に伴うもの）。

⑻　建設業法施行令第3条に規定する使用人の一覧表（建設業法施行規則第4条第1項第1号に規定する様式第11号）関係

・本様式においては、令3条の使用人（営業所長等）の一覧表が記載されていますが、個人情報である生年月日及び住所については削除されました（改正の背景②）。なお、令3条の使用人の生年月日及び住所は許可の審査に必要な情報ですが、これらについては別途調書（改正前の略歴書。様式第13号）に記載されているため、審査上の問題は生じません。

・閲覧者がいつ時点の使用人の一覧表かが確認可能となるよう、記載年月日が追加されました（改正の背景⑦）。

⑼　許可申請者（役員等）の調書（建設業法施行規則第4条第1項第3号及び同

号に規定する様式第12号）関係
- ・許可申請書に記載する役員の範囲が拡大されることに伴い、「役員」が「役員等」とされました（改正の背景①）。
- ・許可申請者の負担を軽減するため、許可の審査に用いられていない職歴欄が削除され、それに伴い様式の名称も「略歴書」から「住所、生年月日等に関する調書」とされました（改正の背景④）。

⑽　建設業法施行令第3条に規定する使用人の調書（建設業法施行規則第4条第1項第4号及び同号に規定する様式第13号）関係

　許可申請者の負担を軽減するため、許可の審査に用いられていない職歴欄が削除され、それに伴い様式の名称も「略歴書」から「住所、生年月日等に関する調書」とされました（改正の背景④）。

⑾　許可申請書の添付書類（建設業法施行規則第4条第1項第5号）関係

　許可申請書の記載事項の「役員」を「役員等」と拡大し、「役員等」の「顧問、相談役その他いかなる名称を有する者であるかを問わず、役員と同等の支配力を有する者」として、顧問、相談役のほか、100分の5以上の株式を有する大株主等が想定されるため、このような株主等を役員等の一覧表に記載することが求められていますが（⑴イ）、株主等については許可申請者が登記事項証明書を入手することは困難であることから、役員並びに顧問及び相談役に限って登記事項証明書を求めることとされました（改正の背景①による改正に伴うもの）。

⑿　財務諸表（建設業法施行規則第4条第1項第9号及び第10号に規定する様式第15号、第17号の3及び第18号）関係

　財務諸表等規則が改正され、財務諸表等への記載を要する資産の基準（いわゆる重要性基準）が総資産又は負債及び純資産の合計の100分の1から100分の5に変更されたことに伴い、建設業の許可申請のためだけに別途詳細な財務諸表を作成する必要が生じることを回避するため、許可申請者に提出を求める財務諸表についても、記載を要する資産の基準が総資産又は負債及び純資産の合計の100分の1から100分の5に改正されました（改正の背景⑤）。

(13) 許可申請書等の部数(建設業法施行規則第7条)関係

建設業法施行規則第7条では、提出すべき許可申請書等の部数が規定されていますが、国土交通大臣許可業者については、営業所のある都道府県においても許可申請書等を閲覧することとされていた(建設業法施行令第5条)ため、正本1通に加え、営業所のある都道府県の数分の写しの提出が求められていました。今般、都道府県知事による国土交通大臣許可業者の許可申請書等の閲覧が廃止されることから、正本1通に加え、副本1通の提出で足りることとされました(改正の背景⑥)。

(14) 変更届出書(建設業法施行規則第9条第1項に規定する様式第22号の2)関係

・許可申請書に記載する「役員」が「役員等」とされたことに伴い、変更届出書の記載事項についても「役員」が「役員等」とされました(改正の背景①)。

・許可申請書の記載事項として経営業務の管理責任者及び営業所専任技術者の氏名が追加されたことに伴い、変更届出書についてもこれらの者が変更した場合にこれらの者の氏名が明らかになるように改正されました(改正の背景③)。

(15) 変更届出書の添付書類(建設業法施行規則第9条第2項第2号)関係

建設業法施行規則第9条第2項第2号では、営業所を新設する場合に、特に、国土交通大臣許可業者の許可申請書等が営業所が所在する都道府県においても閲覧されることを念頭に、改めて許可申請書等の写しの提出が求められていましたが、都道府県知事による国土交通大臣許可業者の許可申請書等の閲覧が廃止されることから、営業所の新設の際の許可申請書等の写しの提出については廃止することとされました(改正の背景⑥)。

(16) 変更届出書の添付書類(建設業法施行規則第9条第2項第3号)関係

許可申請書に記載する「役員」を「役員等」としたことに伴い、「役員」が「役員等」とされました(改正の背景①)。

(17) 変更届出書の部数(建設業法施行規則第12条)関係

建設業法施行規則第12条では変更届出書等の部数を規定しており、営業所の新設の場合には許可申請書等の写しを営業所の数分提出することを求めていましたが、営業所の新設の際の許可申請書等の写しの提出が廃止される（(15)参照）ため、この場合の部数に関する規定も削除されました。

(18) 国家資格者等・監理技術者の証明書類（建設業法施行規則第13条第1項）関係

本項においては、特定建設業の許可に際し、営業所専任技術者の証明書類のほか、監理技術者資格を有する者の一覧表の提出を求め、さらに、そのうち、実務経験のみで監理技術者資格を取得した者については、その証明書類の提出を求めています。監理技術者資格については、監理技術者資格者証により、これを満たしていることが証明可能であることから、許可申請者の負担軽減を図るため、証明書類として、監理技術者資格者証が追加されました（改正の背景④）。

(19) 特定建設業の営業所専任技術者の要件を満たすことの証明書類（建設業法施行規則第13条第2項）関係

建設業法施行規則第13条第2項においては、特定建設業の許可に際し必要な営業所専任技術者の要件を満たすことの証明書類が規定されているところ、監理技術者資格者証は、監理技術者資格がある者に交付され（建設業法第27条の18）、監理技術者資格は特定建設業に係る営業所専任技術者の要件と一致していることから、許可申請者の負担軽減を図るため、営業所専任技術者の要件を満たすことの証明書類として、監理技術者資格者証が追加されました（改正の背景④）。

Q49 許可申請書等の閲覧制度の見直しについて、その趣旨と改正内容を詳しく教えて下さい。

A 改正法により、許可申請書等の閲覧制度（建設業法第13条）が見直され、個人情報を含む書類を閲覧の対象から除外し、省令により提出が求められる書類については、省令において閲覧の有無を定めることとされました（同条第6号）。このため、建設業法施行規則において、閲覧の対象とする書類を規定することが必要です。建設業法施行規則により提出が求められる書類のうち、以下のものについては、個人情報が含まれることから、閲覧の対象から除外し、それ以外の書類を閲覧の対象として規定することとされました。（以下【】内は様式に含まれる個人情報）

- 規則第4条第1項第2号（国家資格者等・監理技術者一覧表）【生年月日】
- 　　　　　　第3号（役員等の調書）【住所、生年月日及び賞罰】
- 　　　　　　第4号（令第3条に規定する使用人の調書）【住所、生年月日及び賞罰】
- 　　　　　　第5号（個人の登記事項証明書）【本籍】
- 　　　　　　第6号（身分証明書）【本籍】
- 　　　　　　第8号（株主調書）【住所】
- 　　　　　　第11号（法人の登記事項証明書）【過去の代表取締役の住所】
- 　　　　　　第12号（法人である法定代理人の登記事項証明書）【代表取締役の住所】
- 　　　　　　第15号（納税証明書）【納税額】
- 　　　　　　第16号（納税証明書）【納税額】
- 規則第9条第2項第1号（登記事項証明書）【過去の代表取締役の住所】
- 　　　　　　第2号（経営業務管理責任者等の要件を満たす証明書）【職歴等】
- 　　　　　　第3号（役員等の調書等）【住所、生年月日等】
- 規則第10条第1項第3号（納税証明書）【納税額】
- 　　　　　　第4号（納税証明書）【納税額】

建設業法施行規則改正関係

○許可申請書等の様式と閲覧書類の整理

凡例：
■ 改正する書類
▨ 新設する書類

改正前の閲覧書類			省令	様式	個人情報に該当する情報	改正後の閲覧	改正内容
法	①商号又は名称		規則2条	第1号	×	○（法）	・「役員」を「役員等」に修正
法5条	②営業所の名称及び所在地	営業所一覧表（新規）		別紙二（1）	×	○（法）	
		営業所一覧表（更新）		別紙二（2）	×	○（法）	
	③資本金及び役員氏名（法人） ④その者の氏名及び支配人の氏名（個人）	役員一覧		別紙一	○→×		・個人情報を様式から削除 ・経営業務管理責任者欄を追加（法第5条第5号の追加及び様式第7号を非閲覧とするため） ・「役員」を「役員等」とし、記載範囲を明記
	⑤許可を受けようとする建設業 ⑥兼業の種類	①許可申請書		第1号	×	○（法）	・「役員」を「役員等」に修正（前掲）
		【新設】専任技術者一覧表		別紙4	○	○（法）	・専任技術者一覧表（様式第1号別紙四）を新設（法5条5号の追加のため）、記載要領を修正
法6条1項	①工事経歴書	②法6条1項1書面	規則2条	第2号	×	○（法）	・本経歴書から個人が特定されないように
	②直前3年の工事施工金額	③法6条1項2書面		第3号	×	○（法）	
	③使用人数	④法6条1項3書面		第4号	×	○（法）	・労務者を含めない旨の記述を削除
	④営約書	⑥法6条1項4書面		第6号	×	○（法）	・「役員」を「役員等」に修正
	⑤経管及び営業所専任技の証明書類	①法6条1項5（経管）の証明書	規則3条1項	第7号	○	×	・経営業務管理責任者の略歴は別紙による旨追記 ※本様式の非閲覧に伴い、役員一覧の様式（様式第1号別紙）を閲覧に供する様式に改正
		②大臣認定			○	×	
		【新設】経営業務管理責任者略歴書		第7号別紙	○	×	・経営業務管理責任者略歴書（様式第7号別紙）を新設（様式第12号から略歴を削除するため）
		（仕書）法6条1項5（営業所専技）の証明書（新規）	規則3条2項	第8号（1）	○	×	・様式第1号別紙4の追加に伴い、情報が重複する様式第8号（2）は廃止
		（仕書）法6条1項5（営業所専技）の証明書（更新）		第8号（2）	○	×	※本様式の非閲覧に伴い、閲覧用の専任技術者一覧表（様式第1号別紙四）を新設
		①学校の証明書		第9号	○	ー	
		②実務経験証明書		ー	○	×	監理技術者の写し
		③大臣認定		ー	○	×	
		【新設】④監理技術者証の写し	規則13条2項	ー	○	×	
		①合格等証明書（特定のみ）		第10号	○	×	・閲覧用として不要
		②指導監督的実務経験証明書（特定のみ）		ー	○	×	・閲覧用として不要
		【新設】③監理技術者・監理技術者資格者証の写し		ー	○	×	・閲覧用として不要
	⑥その他省令で定める書類	①許可使用人の一覧	規則4条1項	第11号	○→×	○（省）	・略歴削除 ・個人情報を「役員等」とし、定義を記入 ・個人情報となるが、別途閲覧に供される許可申請書（様式第1号）や役員一覧（様式第1号別紙1）で足りる
		②国家資格者等・監理技術者一覧		第11号の2	○	×	
		③許可申請者（役員）の略歴書		第12号	○	×	

建設業法施行規則改正関係

			○	×	備考
	④令3条使用人の略歴書	第13号	○	×	・略歴削除 ・非開示となるが、別途閲覧に供される使用人一覧（様式第11号）で足りる
	⑤登記事項証明書（成年後見人等）	ー	○	×	・閲覧用としても不要
	⑥身分証明書	ー	×	○（省）	・閲覧用としても不要
	⑦定款	第14号	○	○（省）	
	⑧株主（5％以上の出資者）調書	第15号・第17号の3	×	○（省）	・財務諸表への記載を要する資産の基準を総資産等の100分の1から100分の5に改正
	⑨財務諸表（法人）	第18号・第19号	○	×	・閲覧用としても不要
	⑩財務諸表（個人）	ー	○	○（省）	
	⑪登記事項証明書（商業登記）	第20号	×	○（省）	・閲覧用としても不要
	⑫登記事項証明書（個人の法定代理人）	第20号の2	×	×	
	⑬営業の沿革	ー	△	○（省）	・閲覧用としても不要
	⑭所属団体一覧	ー	△	×	
	⑮納税証明書（大臣許可申請者）	第20号の3	×	○（省）	・閲覧用としても不要
	⑯納税証明書（知事許可申請者）	第20号の4	×	×	
	⑰健康保険等の加入状況	第9号	○	×	・閲覧用としても不要
	⑱主要取引金融機関	第10号	○	×	・閲覧用としても不要
規則13条1項	学校の証明書		×	○（法）	
	実務経験証明書（特定のみ）	第22号の2	○	○（法）	
	指導監督的実務経験証明書（特定のみ）		×	×	
	監理技術者資格証の写し		○	×（一部○）（省）	・閲覧用としても不要
	監理技術者講習修了証の写し		○	×（一部○）（省）	・経営業務管理責任者・営業所専任技術者の変更時にも提出
規則9条1項	変更届出書	第2号	○	○（法）	・閲覧のみ
規則9条2項	①登記事項証明書【前掲】	第3号	△→×	○（省）	・誓約書のみ閲覧
	②営業所の新設（契約書、経審、営業証明書等）		ー	○（省）	・契約書のみ閲覧
	③法5条③の変更（誓約書、申請書略歴等）		ー	○（省）	
法11条1項	法5条①～④の変更				
法11条2項	法6条1項①工事経歴書	第2号	○	○（法）	・本経歴書から個人が特定されないように、記載要領を修正
	法6条1項②工事施工金額	第3号	○	○（省）	
	その他省令で定める書類 ①財務諸表（法人）【前掲】	第15号・第17号の3	×	○（省）	・財務諸表の記載を要する資産の基準を総資産等の100分の1から100分の5に改正
	②財務諸表（個人）【前掲】	第18号・第19号	ー	×	・閲覧用としても不要
	③納税証明書（大臣許可申請者）【前掲】	ー	△	○（省）	
	④納税証明書（知事許可申請者）【前掲】	ー	△	×	・閲覧用としても不要
法11条3項	法6条1項③使用人数	第4号	×	○（法）	
	規則4条1項①令3条使用人の一覧【前掲】	第11号	○→×	○（省）（前掲）	
	規則4条1項②国家資格者・監理技術者一覧【前掲】	第11号の2	○	×（前掲）	・閲覧用としても不要
	規則4条1項③定款【前掲】		×	○（省）（前掲）	
法11条4項	経営事項審査及び営業所等技の証明書類（法6条1項⑤）【前掲】		○		・経営事項審査及び営業所等技の証明書類

（法）：改正後の法律上で引き続き閲覧することとされているもの
（省）：改正後の施行規則第12条の2により引き続き閲覧することとするもの

建設業法施行規則改正関係

Q50 一般建設業の技術者要件の見直しについて、その趣旨と改正内容を詳しく教えて下さい。

A 建設業法施行規則第7条の3においては、一般建設業に係る技術者(許可の際に必要な営業所専任技術者及び現場に配置が必要な主任技術者)の要件が業種毎に列挙されています。当該要件は、施工の実態及び業界からの要望を踏まえて定められているところ、今般、改めて、技術者要件の妥当性について検討した結果、施工の実態及び業界からの要望等を踏まえ、以下のとおり見直しが行われました。

(1) 職業能力開発促進法(昭和44年法律第64号)による技能検定のうち、一級の型枠施工の試験に合格した者及び二級の型枠施工の試験に合格し、3年以上実務経験を積んだ者については、これまで、とび・土工工事業(とび・土工・コンクリート工事)の技術者要件として位置づけられていました。しかしながら、型枠工事については、それ単体では「大工工事」に分類され(建設業許可事務ガイドライン(平成13年国総建第97号))、大工工事として施工されている実態があり、また、業界からの要望も踏まえ、今般施工の実態とのねじれを解消し、型枠施工の試験に合格した者等(一級の型枠施工の技能検定に合格した者及び二級の型枠施工の技能検定に合格した後大工工事に関し3年以上の実務経験を有する者)が、大工工事の技術者要件に位置づけられました。

(2) 職業能力開発促進法による技能検定のうち、一級の建築板金の試験に合格した者及び二級の建築板金の試験に合格し、3年以上実務経験を積んだ者については、これまで、屋根工事業及び板金工事業の技術者要件として位置づけられていました。これは、施工の実態として、板金により屋根を葺く工事は屋根工事として、その他板金を工作物に取り付ける工事は板金工事として行われていることによるものです。しかしながら、建築板金の試験には、「ダクト板金作業」を選択科目とする試験があるところ、ダクト工事については、「管工事」に分類され(建設業許可事務ガイドライン)、管工事として施工されている実態があり、また、業界からの要望も踏まえ、今般、施工の実態に合わせて、ダクト板金作業を選択科目とする建築板金の試験に合格した者等(ダクト板金作業を選択科目とする一級

建設業法施行規則改正関係

の建築板金の技能検定に合格した者及びダクト板金作業を選択科目とする二級の建築板金の技能検定に合格した後管工事に関し3年以上の実務経験を有する者）が、管工事の技術者要件に位置づけられました。

(3) 職業能力開発促進法による技術検定のうち、スレート施工の試験（職業能力開発促進法施行令の一部を改正する政令（平成21年政令第244号））並びにれんが積み及びコンクリート積みブロック施工の試験（職業能力開発促進法施行令の一部を改正する政令（平成23年政令第335号））が廃止されたことに伴い、これらの試験に合格した者等が技術者要件（石工事業、屋根工事業及びタイル・れんが・ブロック工事業）から削除されました。なお、過去にこれらの試験に合格した者等については、別途告示により一般建設業に係る技術者要件として認めることが検討されています。

Q51 施工体制台帳について、改正の趣旨と内容を詳しく教えて下さい。

A　施工体制台帳については、改正法の施行に伴う改正と、建設分野における外国人材の活用に係る緊急措置に伴う改正の2つの改正が行われました。具体的には、以下の通りです。

(1) 改正法の施行に伴う改正

　改正前は、施工体制台帳は、下請契約の金額の合計が3000万円以上（建築一式工事にあっては4500万円以上。以下同じ。）となる場合に作成することとされていましたが、改正法による入札契約適正化法の改正により、公共工事については、下請契約を締結する全ての場合に施工体制台帳を作成することとされました（Q29）。これまで、下請契約の金額が3000万円以上となる工事を施工できるのは、特定建設業者が監理技術者を現場に配置して行う場合のみであるため、建設業法施行規則における施工体制台帳の関係条文（建設業法施行規則第14条の2から第14条の6まで）はそれを前提として規定されていました。改正法の施行後は、公共工事の場合には、一般建設業者が主任技術者を配置して施工する場合も施工体制台帳の作成を求められることから、以下の通り、必要な改正が措置されました。

・建設業法施行規則第14条の2から第14条の6まで及び第26条の規定において、「特定建設業者」を「建設業者」とする。

・建設業法施行規則第14条の2及び第14条の6の規定において、「監理技術者」を「監理技術者及び主任技術者」等とする。

(2) 建設分野における外国人材の活用に係る緊急措置に伴う改正

　政府においては、2020年オリンピック・パラリンピック東京大会等に向けた緊急かつ時限的な措置として、建設分野における外国人材の活用を図るための緊急措置を導入することとされています。具体的には、建設分野の技能実習修了者について、技能実習に引き続いて国内に在留し、又は技能実習を終了して一旦本国に帰国した後に再入国し、雇用関係の下で建設業務に従事することとされています。緊急措置においては、元請企業が、自らの企業のみならず受入企業（下請）の監理状況を確認し、指導を徹底することとされており、元請企業が下請企業に

おける外国人の有無を確認する必要性が生じています。
　このため、施工体制台帳の記載事項及び下請から元請に通知（再下請通知）する事項として、
　① 外国人技能実習生の従事の状況
　② 外国人建設就労者の従事の状況
が追加されました。

建設業法施行規則改正関係

Q52 経営事項審査について若手の技術者及び技能労働者の育成及び確保の状況を審査項目に追加した趣旨を教えて下さい。

A 改正法による建設業法の改正により、建設業者の責務として、「建設工事の担い手の育成及び確保」が位置づけられ（建設業法第25条の27）ましたが、改正法と同時に改正された品確法において、以下のとおり規定されました。

○公共工事の品質確保の促進に関する法律（平成17年法律第18号）（抄）

（競争参加者の中長期的な技術的能力の確保に関する審査等）

第十三条　発注者は、その発注に係る公共工事の契約につき競争に付するときは、当該公共工事の性格、地域の実情等に応じ、競争に参加する者（競争に参加しようとする者を含む。以下同じ。）について、若年の技術者、技能労働者等の育成及び確保の状況、建設機械の保有の状況、災害時における工事の実施体制の確保の状況等に関する事項を適切に審査し、又は評価するよう努めなければならない。

この品確法の改正を受け、中央建設業審議会の意見を聴き（平成26年9月10日中央建設業審議会総会）、経営事項審査の項目が改正されました。

具体的には、経営事項審査の客観的事項として、「若年の技術者及び技能労働者の育成及び確保の状況」が追加されました（建設業法施行規則第18条の3）。

また、経営事項審査の項目及び基準の詳細は別途告示及び通知において、以下の通り定められています。

・技術職員名簿に記載されている35歳未満の技術職員数が技術職員名簿全体の15％以上の場合、1点加点。

・新たに技術職員名簿に記載された35歳未満の技術職員数が、技術職員名簿全体の1％以上の場合、1点加点。

若年の技術職員の育成及び確保の状況の評価

評価対象とする建設業者
○ 若手の技術職員の育成・確保に継続的に取り組んできた建設業者
○ 審査対象年度において若手の技術職員を育成し、確保した建設業者

具体的評価方法

経営事項審査の「その他（社会性等）の審査項目」(W)において

継続的な取組を評価
技術職員名簿に記載されている35歳未満の技術職員数が技術職員名簿全体の15％以上の場合

審査対象年度における取組を評価
新たに技術職員名簿に記載された35歳未満の技術職員数が技術職員名簿全体の1％以上の場合

＜評価対象を35歳未満とする理由＞
・年齢別人数構成を鑑み、35歳未満の技術職員が相対的に少ない（下表）
・学歴、資格を問わず、入職から10年経過すれば技術職員となることが可能である

	～29歳	30歳～34歳	35歳～39歳	40歳～44歳	45歳～49歳	50歳～54歳	55歳～59歳	60歳～
技術職員に関する実態調査（※）結果	5.59%	8.15%	15.28%	18.04%	12.21%	27.63%		13.09%

（※）任意の大臣許可業者104社について、経営事項審査申請書類に基づき技術職員の年齢分布を調査。（技術職員計5653名）

建設業法施行規則改正関係

Q53 経営事項審査について審査の対象となる建設機械の種類を追加した趣旨を教えて下さい。

A 建設機械の保有状況（建設業法施行規則第18条の3第1項第7号）については、これまでも経営事項審査の客観的事項として定められていましたが、品確法改正において、建設機械の保有状況を審査・評価することが規定されました。このため、建設業者が保有・リースしている機械のうち、①災害時の復旧対応に使用されるもの、②定期検査により保有・稼働確認ができるものという観点から、告示の改正によりその対象範囲を拡大し、以下の機械が審査対象として追加されました。

・モーターグレーダー
・つり上げ荷重が3トン以上の移動式クレーン
・ダンプ（建設業に用いるものとして指定を受けているものに限る。）

建設業法施行規則においては、様式においてこれらの機械を記載できるよう、必要な改正が行われました（様式第25条の11別紙3）。

建設業法施行規則改正関係

評価対象となる建設機械の範囲拡大

<現行>建設機械の保有状況を経営事項審査の「その他(社会性等)」の審査項目J(W)にて評価

加点対象機種　ショベル系掘削機　トラクターショベル　ブルドーザー

加点の条件　自ら所有しているか、審査基準日から1年7ヶ月以上のリース契約が締結されている機械1台保有につきWに1点の加点。最大15台(15点)まで評価。

対象機種の拡大

<新たな対象機種選出の考え方>
建設業者が保有・リースしている機械のうち、
①災害時の復旧対応に使用されるもの　②定期検査により保有・稼働確認ができるもの

今回新たに評価対象とする機械(1台につき1点)

移動式クレーン
(つり上げ荷重3トン以上)
災害時の役割：土嚢の積上げ
　障害物の撤去
定期検査：製造時検査、性能検査

大型ダンプ車
(車両総重量8トン以上または最大積載量5トン以上で
事業の種類として建設業を届け出、表示番号
の指定を受けているもの)
災害時の役割：土砂の運搬
定期検査：自動車検査

モーターグレーダー
(自重が5トン以上)
災害時の役割：除雪、整地
定期検査：特定自主検査

Q54 「プレストレストコンクリート工事」を「プレストレストコンクリート構造物工事」に改正した趣旨は何ですか。

A 経営事項審査は、建設業法上の28の業種区分ごとに行われていますが、プレストレストコンクリートを用いて橋梁等の土木工作物を総合的に建設する工事は、専門的な技術が必要とされるため、これを「プレストレストコンクリート工事」として「土木一式工事」の中に内訳明示してきました（様式第25号の11等）。他方で、一般的に「プレストレストコンクリート工事」と言えば、単にプレストレストコンクリートを打設して土木工作物の一部を築造する工事をも指し、これは、建設業法上の業種区分上、「土木一式工事」ではなく「とび・土工・コンクリート工事」に含まれています（建設業許可事務ガイドライン）。このため、今般、両者を明確に区別するため、土木一式工事に内訳明示される「プレストレストコンクリート工事」を「プレストレストコンクリート構造物工事」に名称変更することとされました。

Q55 経営事項審査に関する様式改正の概要を教えて下さい。

A 経営事項審査の申請書等の様式については、以下の通り変更することとされました。

・技術職員名簿（様式第25号の11別紙2）に新規掲載者及び満年齢の欄を追加。

・その他の審査項目（様式第25号の11別紙3）の記載事項として技術職員数、若年技術職員数及び若年技術職員の割合並びに新規若年技術職員数及び新規若年技術職員の割合を追加。

・審査対象として追加された建設機械の台数が記載できるよう、その他の審査項目（様式第25号の11別紙3）の記載要領を修正。

また、審査項目の追加に伴い、経営規模等評価結果通知書・総合評定値通知書（様式第25条の12）の記載事項が縦のA4に収まり切らなくなり、これ以上文字を小さくすると審査に支障が生じることから、レイアウトを全面的に変更し、横のA4とされました。

建設業法施行規則改正関係

Q56 建設業者団体の届出制度を見直した趣旨は何ですか。

A 改正法において、将来における建設工事の担い手不足への懸念から、建設業者団体の責務として、建設工事の担い手の育成及び確保に資するよう努めることが明記されるとともに、国土交通大臣は、建設業者団体が行う建設工事の担い手の育成及び確保その他の施工技術の確保に資する取組の状況について把握するよう努めるとともに、当該取組が促進されるように必要な措置を講ずるものとされました（建設業法第27条の39）。

建設業法第27条の37においては、建設業者団体は、国土交通省令で定めるところにより、国土交通省令で定める事項を届け出なければならないこととされており、届出事項は建設業法施行規則第23条第1項各号に列記されています。

国土交通大臣が、建設業者団体の担い手育成・確保のための取組を把握するためには、建設業者団体が、当該取組を積極的に国土交通大臣に届け出ることが必要ですが、こういった届出が可能であるかが法令上必ずしも明らかではないため、当該取組を届け出ることができる旨を確認的に規定する必要があります。

このため、建設業者団体は、担い手の育成及び確保に資する取組を実施している場合には、当該取組の内容を国土交通大臣に届け出ることができることが明記されました。また、法第27条の39第2項の規定を実施するため、国土交通大臣は、届出のあった取組が促進されるよう、必要な措置を講ずるものとされました。

なお、必要な措置としては、当該取組の内容を公表し、広く周知することにより、その活用を促進すること等が想定されています。

＜浄化槽工事業登録省令改正関係＞

Q57 浄化槽省令の改正の趣旨とその内容を教えて下さい。

A 改正法による浄化槽法の改正により、「役員」の範囲が拡大したことから、浄化槽省令の登録申請書の記載事項（浄化槽省令様式第1号）及び添付書類（浄化槽省令第3条）について、建設業法施行規則の改正と同様、役員の範囲を拡大する改正が行われました。

また、建設業法施行規則の改正と同様、略歴書を簡素化するため、職歴欄を削除し、「住所、生年月日等に関する調書」とされました（浄化槽省令第3条及び第8条並びに様式第3号及び第4号）。

＜解体工事業登録省令改正関係＞

Q58 解体工事業登録省令の改正の趣旨とその内容を教えて下さい。

A 改正法による建設リサイクル法の改正により、「役員」の範囲が拡大したことから、解体省令の登録申請書の記載事項（解体省令様式第1号）及び添付書類（解体省令第3条）について、建設業法施行規則の改正と同様、役員の範囲を拡大する改正が行われました。

建設業法施行規則の改正と同様、略歴書を簡素化するため、略歴欄を削除し、「住所、生年月日等に関する調書」とされました（解体省令第3条及び様式第4号）。

第 2 編 参考資料編

建設業法等の一部を改正する法律要綱

第1　建設業法の一部改正

1　許可に係る業種区分の見直し

　　許可に係る業種区分に、解体工事業を追加するものとすること。（第3条第2項の別表第1関係）

2　暴力団排除条項の整備

　　許可に係る欠格要件及び取消事由に暴力団員であること等を追加するとともに、欠格要件等の対象となる役員の範囲を拡大するものとすること。（第5条から第8条まで及び第29条関係）

3　許可申請書等の閲覧制度の改正

　　許可申請書等の閲覧対象から個人情報が含まれる書類を除外し、そのために必要となる許可申請書の記載事項の所要の改正を行うものとすること。（第5条及び第13条関係）

4　建設業者及び建設業者団体等による建設工事の担い手の育成及び確保に関する責務の追加

　①　建設業者は、建設工事の担い手の育成及び確保に努めるものとするとともに、国土交通大臣は、当該建設工事の担い手の育成及び確保に資するため、必要に応じ、講習の実施のほか、調査の実施等の措置を講ずるものとすること。

　②　建設業者団体の行う事業として、講習及び広報を明示するものとすること。

　③　建設業者団体は、その事業を行うに当たっては、建設工事の担い手の育成及び確保その他の施工技術の確保に資するよう努めなければならないものとすること。

　④　国土交通大臣は、建設業者団体が行う建設工事の担い手の育成及び確保その他の施工技術の確保に関する取組の状況について把握するよう努めるとともに、当該取組が促進されるように必要な措置を講ずるものとすること。（第25条の27、第27条の37及び第27条の39関係）

5　その他所要の改正を行うものとすること。

第2　公共工事の入札及び契約の適正化の促進に関する法律の一部改正

1　公共工事の入札及び契約の適正化の基本となるべき事項の追加

　　その請負代金の額によっては公共工事の適正な施工が通常見込まれない契約の締結が防止されることを追加するものとすること。（第3条関係）

2　公共工事の受注者が暴力団員等と判明した場合における通知

　　各省各庁の長等は、公共工事の受注者である建設業者が暴力団員等であると疑うに足りる事実があるときは、当該建設業者が建設業の許可を受けた国土交通大臣又は都道府県知事等

にその事実を通知しなければならないものとすること。（第11条関係）
3　適正な金額での契約の締結等のための措置
　①　建設業者は、公共工事の入札に係る申込みの際に、入札金額の内訳を記載した書類を提出しなければならないものとすること。
　②　各省各庁の長等は、その請負代金の額によっては公共工事の適正な施工が通常見込まれない契約の締結を防止し、及び不正行為を排除するため、内訳を記載した書類の内容の確認その他の必要な措置を講ずるものとすること。（第12条及び第13条関係）
4　施工体制台帳の作成及び提出
　公共工事の受注者である建設業者は、下請契約を締結するときは、その金額にかかわらず、施工体制台帳を作成し、その写しを発注者に提出しなければならないものとすること。（第15条関係）
5　その他所要の改正を行うものとすること。

第3　浄化槽法の一部改正

　浄化槽工事業の登録の拒否事由及び取消事由に暴力団員であること等を追加するとともに、拒否事由等の対象となる役員の範囲を拡大するものとすること。（第22条、第24条及び第32条関係）

第4　建設工事に係る資材の再資源化等に関する法律の一部改正

　解体工事業の登録の拒否事由及び取消事由に暴力団員であること等を追加するとともに、拒否事由等の対象となる役員の範囲を拡大するものとすること。（第22条、第24条、第25条及び第35条関係）

第5　附則

1　この法律は、一部の規定を除き、公布の日から起算して1年を超えない範囲内において政令で定める日から施行するものとすること。（附則第1条関係）
2　この法律による改正後の規定の施行の状況についての検討規定を設けるほか、この法律の施行に伴う所要の経過措置等について規定するものとすること。（附則第2条から附則第8条まで関係）

2. 建設業法等の一部を改正する法律案提案理由説明

　ただいま議題となりました建設業法等の一部を改正する法律案及び建築基準法の一部を改正する法律案の提案理由につきまして御説明申し上げます。
　まず、建設業法等の一部を改正する法律案につきまして御説明申し上げます。
　建設業は、東日本大震災に係る復興事業や防災・減災、老朽化対策、耐震化、インフラの維持管理などの担い手として、その果たすべき役割はますます増大しております。
　一方、建設投資の急激な減少や競争の激化により、建設業の経営を取り巻く環境が悪化し、いわゆるダンピング受注などにより、建設企業の疲弊や下請企業へのしわ寄せ、現場の技能労働者等の就労環境の悪化といった構造的な問題が発生しております。こうした問題を看過すれば、若年入職者の減少等により、中長期的には、建設工事の担い手が不足することが懸念されるところです。
　また、維持管理・更新に関する工事の増加に伴い、これらの工事の適正な施工の確保を徹底する必要性も高まっております。
　このような趣旨から、この度この法律案を提案することとした次第です。
　次に、この法律案の概要につきまして御説明申し上げます。
　第一に、ダンピング受注を防止するため、公共工事の入札及び契約の適正化の基本となるべき事項として、公共工事の適正な施工が通常見込まれない請負代金での契約の締結を防止することを追加するとともに、建設業者に対し、入札金額の内訳の提出を求めることとしております。
　第二に、維持修繕工事等の小規模な公共工事についてもその適正な施工を図るため、施工体制台帳の作成及び提出を求めることとしております。
　第三に、解体工事の適正な施工を図るため、建設業の業種区分を見直し、解体工事業を追加することとしております。
　第四に、建設業からの暴力団の排除を徹底するため、暴力団員であること等を許可に係る欠格要件及び取消し事由に追加することとしております。
　その他、これらに関連いたしまして、所要の規定の整備を行うこととしております。
　次に、建築基準法の一部を改正する法律案につきまして御説明申し上げます。
〔中略〕
　以上が建設業法等の一部を改正する法律案及び建築基準法の一部を改正する法律案を提案する理由であります。
　これらの法律案が速やかに成立いたしますよう、御審議をよろしくお願い申し上げます。

3. 建設業法等の一部を改正する法律新旧対照条文

○建設業法（昭和24年法律第100号）（抄）

（下線の部分は改正部分）

改　正　後	改　正　前
目次 　第1章　総則（第1条・第2条） 　第2章　建設業の許可 　　第1節　通則（第3条―第4条） 　　第2節　一般建設業の許可（第5条―第14条） 　　第3節　特定建設業の許可（第15条―第17条） 　第3章　建設工事の請負契約 　　第1節　通則（第18条―第24条） 　　第2節　元請負人の義務（第24条の2―第24条の7） 　第3章の2　建設工事の請負契約に関する紛争の処理（第25条―第25条の26） 　第4章　施工技術の確保（第25条の27―第27条の22） 　第4章の2　建設業者の経営に関する事項の審査等（第27条の23―第27条の36） 　第4章の3　建設業者団体（第27条の37―第27条の39） 　第5章　監督（第28条―第32条） 　第6章　中央建設業審議会等（第33条―第39条の3）	目次 　第1章　総則（第1条・第2条） 　第2章　建設業の許可 　　第1節　通則（第3条―第4条） 　　第2節　一般建設業の許可（第5条―第14条） 　　第3節　特定建設業の許可（第15条―第17条） 　第3章　建設工事の請負契約 　　第1節　通則（第18条―第24条） 　　第2節　元請負人の義務（第24条の2―第24条の7） 　第3章の2　建設工事の請負契約に関する紛争の処理（第25条―第25条の26） 　第4章　施工技術の確保（第25条の27―第27条の22） 　第4章の2　建設業者の経営に関する事項の審査等（第27条の23―第27条の36） 　第4章の3　建設業者団体（第27条の37・第27条の38） 　第5章　監督（第28条―第32条） 　第6章　中央建設業審議会等（第33条―第39条の3）

建設業法等の一部を改正する法律新旧対照条文

改　正　後	改　正　前
第7章　雑則（第39条の4―第44条の5） 第8章　罰則（第45条―第55条） 附則 （許可の申請） **第5条**　（略） 　一・二　（略） 　三　法人である場合においては、その資本金額（出資総額を含む。以下同じ。）及び<u>役員等（業務を執行する社員、取締役、執行役若しくはこれらに準ずる者又は相談役、顧問その他いかなる名称を有する者であるかを問わず、法人に対し業務を執行する社員、取締役、執行役若しくはこれらに準ずる者と同等以上の支配力を有するものと認められる者をいう。以下同じ。）</u>の氏名 　四　（略） 　<u>五　第7条第1号イ又はロに該当する者（法人である場合においては同号に規定する役員のうち常勤であるものの1人に限り、個人である場合においてはその者又はその支配人のうち1人に限る。）及びその営業所ごとに置かれる同条第2号イ、ロ又はハに該当する者の氏名</u> 　<u>六・七</u>　（略） （許可申請書の添付書類） **第6条**　（略） 　一～三　（略） 　四　許可を受けようとする者（法人である場合においては当該法人、その<u>役員等</u>及び政令で定める使用人、個人である場合においてはその者及び政令で定める使用人）及び法定代理人（法人である場合においては、当該法人及びその<u>役員等</u>）が第8条各号に掲げる欠格要件に該当しない者であることを誓約する書面	第7章　雑則（第39条の4―第44条の5） 第8章　罰則（第45条―第55条） 附則 （許可の申請） **第5条**　（略） 　一・二　（略） 　三　法人である場合においては、その資本金額（出資総額を含む。以下同じ。）及び<u>役員</u>の氏名 　四　（略） 　（新設） 　<u>五・六</u>　（略） （許可申請書の添付書類） **第6条**　（略） 　一～三　（略） 　四　許可を受けようとする者（法人である場合においては当該法人、その<u>役員</u>及び政令で定める使用人、個人である場合においてはその者及び政令で定める使用人）及び法定代理人（法人である場合においては、当該法人及びその<u>役員</u>）が第8条各号に掲げる欠格要件に該当しない者であることを誓約する書面

建設業法等の一部を改正する法律新旧対照条文

改　正　後	改　正　前
五・六　（略） 2　（略） （許可の基準） **第7条**　（略） 一・二　（略） 三　法人である場合においては当該法人又はその<u>役員等</u>若しくは政令で定める使用人が、個人である場合においてはその者又は政令で定める使用人が、請負契約に関して不正又は不誠実な行為をするおそれが明らかな者でないこと。 四　（略） **第8条**　国土交通大臣又は都道府県知事は、許可を受けようとする者が次の各号のいずれか（許可の更新を受けようとする者にあつては、第1号又は第7号から<u>第13号</u>までのいずれか）に該当するとき、又は許可申請書若しくはその添付書類中に重要な事項について虚偽の記載があり、若しくは重要な事実の記載が欠けているときは、許可をしてはならない。 一～三　（略） 四　前号に規定する期間内に第12条第5号に該当する旨の同条の規定による届出があつた場合において、前号の通知の日前60日以内に当該届出に係る法人の<u>役員等</u>若しくは政令で定める使用人であつた者又は当該届出に係る個人の政令で定める使用人であつた者で、当該届出の日から5年を経過しないもの 五～八　（略） <u>九　暴力団員による不当な行為の防止等に関する法律第2条第6号に規定する暴力団員又は同号に規定する暴力団員でなくなつた日から5年を経過しない者（第13号において「暴力団員等」という。）</u>	五・六　（略） 2　（略） （許可の基準） **第7条**　（略） 一・二　（略） 三　法人である場合においては当該法人又はその<u>役員</u>若しくは政令で定める使用人が、個人である場合においてはその者又は政令で定める使用人が、請負契約に関して不正又は不誠実な行為をするおそれが明らかな者でないこと。 四　（略） **第8条**　国土交通大臣又は都道府県知事は、許可を受けようとする者が次の各号のいずれか（許可の更新を受けようとする者にあつては、第1号又は第7号から<u>第11号</u>までのいずれか）に該当するとき、又は許可申請書若しくはその添付書類中に重要な事項について虚偽の記載があり、若しくは重要な事実の記載が欠けているときは、許可をしてはならない。 一～三　（略） 四　前号に規定する期間内に第12条第5号に該当する旨の同条の規定による届出があつた場合において、前号の通知の日前60日以内に当該届出に係る法人の<u>役員</u>若しくは政令で定める使用人であつた者又は当該届出に係る個人の政令で定める使用人であつた者で、当該届出の日から5年を経過しないもの 五～八　（略） （新設）

建設業法等の一部を改正する法律新旧対照条文

改　正　後	改　正　前
十　営業に関し成年者と同一の行為能力を有しない未成年者でその法定代理人が前各号又は次号（法人でその<u>役員等</u>のうちに第1号から第4号まで又は第6号から<u>前号</u>までのいずれかに該当する者のあるものに係る部分に限る。）のいずれかに該当するもの 十一　法人でその<u>役員等又は政令で定める使用人</u>のうちに、第1号から第4号まで又は第6号から<u>第9号</u>までのいずれかに該当する者（第2号に該当する者についてはその者が第29条の規定により許可を取り消される以前から、第3号又は第4号に該当する者についてはその者が第12条第5号に該当する旨の同条の規定による届出がされる以前から、第6号に該当する者についてはその者が第29条の4の規定により営業を禁止される以前から、建設業者である当該法人の<u>役員等又は政令で定める使用人</u>であつた者を除く。）のあるもの 十二　個人で政令で定める使用人のうちに、第1号から第4号まで又は第6号から<u>第9号</u>までのいずれかに該当する者（第2号に該当する者についてはその者が第29条の規定により許可を取り消される以前から、第3号又は第4号に該当する者についてはその者が第12条第5号に該当する旨の同条の規定による届出がされる以前から、第6号に該当する者についてはその者が第29条の4の規定により営業を禁止される以前から、建設業者である当該個人の政令で定める使用人であつた者を除く。）のあるもの <u>十三　暴力団員等がその事業活動を支配する者</u>	九　営業に関し成年者と同一の行為能力を有しない未成年者でその法定代理人が前各号又は次号（法人でその<u>役員</u>のうちに第1号から第4号まで又は第6号から<u>第8号</u>までのいずれかに該当する者のあるものに係る部分に限る。）のいずれかに該当するもの 十　法人でその役員又は政令で定める使用人のうちに、第1号から第4号まで又は第6号から<u>第8号</u>までのいずれかに該当する者（第2号に該当する者についてはその者が第29条の規定により許可を取り消される以前から、第3号又は第4号に該当する者についてはその者が第12条第5号に該当する旨の同条の規定による届出がされる以前から、第6号に該当する者についてはその者が第29条の4の規定により営業を禁止される以前から、建設業者である当該法人の役員又は政令で定める使用人であつた者を除く。）のあるもの 十一　個人で政令で定める使用人のうちに、第1号から第4号まで又は第6号から<u>第8号</u>までのいずれかに該当する者（第2号に該当する者についてはその者が第29条の規定により許可を取り消される以前から、第3号又は第4号に該当する者についてはその者が第12条第5号に該当する旨の同条の規定による届出がされる以前から、第6号に該当する者についてはその者が第29条の4の規定により営業を禁止される以前から、建設業者である当該個人の政令で定める使用人であつた者を除く。）のあるもの （新設）

建設業法等の一部を改正する法律新旧対照条文

改正後	改正前
（変更等の届出） 第11条　許可に係る建設業者は、第5条第1号から<u>第5号</u>までに掲げる事項について変更があつたときは、国土交通省令の定めるところにより、30日以内に、その旨の変更届出書を国土交通大臣又は都道府県知事に提出しなければならない。 2～4　（略） 5　許可に係る建設業者は、第7条第1号若しくは第2号に掲げる基準を満たさなくなつたとき、又は第8条第1号及び第7号から<u>第13号</u>までのいずれかに該当するに至つたときは、国土交通省令の定めるところにより、2週間以内に、その旨を書面で国土交通大臣又は都道府県知事に届け出なければならない。 （提出書類の閲覧） 第13条　国土交通大臣又は都道府県知事は、政令の定めるところにより、<u>次に掲げる書類又はこれらの写しを公衆の閲覧に供する閲覧所を設けなければならない。</u> <u>一　第5条の許可申請書</u> <u>二　第6条第1項に規定する書類（同項第1号から第4号までに掲げる書類であるものに限る。）</u> <u>三　第11条第1項の変更届出書</u> <u>四　第11条第2項に規定する第6条第1項第1号及び第2号に掲げる書類</u> <u>五　第11条第3項に規定する第6条第1項第3号に掲げる書面の記載事項に変更が生じた旨の書面</u> <u>六　前各号に掲げる書類以外の書類で国土交通省令で定めるもの</u> （準用規定）	（変更等の届出） 第11条　許可に係る建設業者は、第5条第1号から<u>第4号</u>までに掲げる事項について変更があつたときは、国土交通省令の定めるところにより、30日以内に、その旨の変更届出書を国土交通大臣又は都道府県知事に提出しなければならない。 2～4　（略） 5　許可に係る建設業者は、第7条第1号若しくは第2号に掲げる基準を満たさなくなつたとき、又は第8条第1号及び第7号から<u>第11号</u>までのいずれかに該当するに至つたときは、国土交通省令の定めるところにより、2週間以内に、その旨を書面で国土交通大臣又は都道府県知事に届け出なければならない。 （提出書類の閲覧） 第13条　国土交通大臣又は都道府県知事は、政令の定めるところにより、<u>第5条、第6条第1項及び第11条第1項から第4項</u>までに規定する書類又はこれらの写しを公衆の閲覧に供する閲覧所を設けなければならない。 （新設） （準用規定）

建設業法等の一部を改正する法律新旧対照条文

改　正　後	改　正　前
第17条　第5条、第6条及び第8条から第14条までの規定は、特定建設業の許可及び特定建設業の許可を受けた者（以下「特定建設業者」という。）について準用する。この場合において、<u>第5条第5号中「同条第2号イ、ロ又はハ」とあるのは「第15条第2号イ、ロ又はハ」と、</u>第6条第1項第5号中「次条第1号及び第2号」とあるのは「第7条第1号及び第15条第2号」と、第11条第4項中「同条第2号イ、ロ若しくはハ」とあるのは「第15条第2号イ、ロ若しくはハ」と、「同号ハ」とあるのは「同号イ、ロ又はハ」と、同条第5項中「第7条第1号若しくは第2号」とあるのは「第7条第1号若しくは第15条第2号」と読み替えるものとする。 （建設工事の見積り等）	第17条　第5条、第6条及び第8条から第14条までの規定は、特定建設業の許可及び特定建設業の許可を受けた者（以下「特定建設業者」という。）について準用する。この場合において、第6条第1項第5号中「次条第1号及び第2号」とあるのは「第7条第1号及び第15条第2号」と、第11条第4項中「同条第2号イ、ロ若しくはハ」とあるのは「第15条第2号イ、ロ若しくはハ」と、「同号ハ」とあるのは「同号イ、ロ又はハ」と、同条第5項中「第7条第1号若しくは第2号」とあるのは「第7条第1号若しくは第15条第2号」と読み替えるものとする。 （建設工事の見積り等）
第20条　（略） 2　建設業者は、建設工事の注文者から請求があつたときは、請負契約が成立するまでの間に、建設工事の見積書を<u>交付しなければならない。</u> 3　（略） <u>（建設工事の担い手の育成及び確保その他の施工技術の確保）</u>	第20条　（略） 2　建設業者は、建設工事の注文者から請求があつたときは、請負契約が成立するまでの間に、建設工事の見積書を<u>提示しなければ</u>ならない。 3　（略） <u>（施工技術の確保）</u>
第25条の27　建設業者は、<u>建設工事の担い手の育成及び確保その他の</u>施工技術の確保に努めなければならない。 2　国土交通大臣は、前項の<u>建設工事の担い手の育成及び確保その他の</u>施工技術の確保に資するため、必要に応じ、講習<u>及び調査</u>の実施、資料の提供その他の措置を講ずるものとする。 （届出） 第27条の37　建設業に関する調査、研究、<u>講習、指導、広報その他の</u>建設工事の適正	第25条の27　建設業者は、施工技術の確保に努めなければならない。 2　国土交通大臣は、前項の施工技術の確保に資するため、必要に応じ、講習の実施、資料の提供その他の措置を講ずるものとする。 （届出） 第27条の37　建設業に関する調査、研究、<u>指導等</u>建設工事の適正な施工を確保すると

改正後	改正前
な施工を確保するとともに、建設業の健全な発達を図ることを目的とする事業を行う社団又は財団で国土交通省令で定めるもの(以下「建設業者団体」という。)は、国土交通省令の定めるところにより、国土交通大臣又は都道府県知事に対して、国土交通省令で定める事項を届け出なければならない。 　(建設業者団体等の責務) 第27条の39　建設業者団体は、その事業を行うに当たつては、建設工事の担い手の育成及び確保その他の施工技術の確保に資するよう努めなければならない。 2　国土交通大臣は、建設業者団体が行う建設工事の担い手の育成及び確保その他の施工技術の確保に関する取組の状況について把握するよう努めるとともに、当該取組が促進されるように必要な措置を講ずるものとする。 　(指示及び営業の停止) 第28条　国土交通大臣又は都道府県知事は、その許可を受けた建設業者が次の各号のいずれかに該当する場合又はこの法律の規定(第19条の3、第19条の4及び第24条の3から第24条の5までを除き、公共工事の入札及び契約の適正化の促進に関する法律(平成12年法律第127号。以下「入札契約適正化法」という。)第15条第1項の規定により読み替えて適用される第24条の7第1項、第2項及び第4項を含む。第4項において同じ。)、入札契約適正化法第15条第2項若しくは第3項の規定若しくは特定住宅瑕疵担保責任の履行の確保等に関する法律(平成19年法律第66号。以下この条において「履行確保法」という。)第3条第6項、第4条第1項、第7条第2項、第8	ともに、建設業の健全な発達を図ることを目的とする事業を行う社団又は財団で国土交通省令で定めるもの(以下「建設業者団体」という。)は、国土交通省令の定めるところにより、国土交通大臣又は都道府県知事に対して、国土交通省令で定める事項を届け出なければならない。 　(新設) 　(指示及び営業の停止) 第28条　国土交通大臣又は都道府県知事は、その許可を受けた建設業者が次の各号のいずれかに該当する場合又はこの法律の規定(第19条の3、第19条の4及び第24条の3から第24条の5までを除き、公共工事の入札及び契約の適正化の促進に関する法律(平成12年法律第127号。以下「入札契約適正化法」という。)第13条第3項の規定により読み替えて適用される第24条の7第4項を含む。第4項において同じ。)、入札契約適正化法第13条第1項若しくは第2項の規定若しくは特定住宅瑕疵担保責任の履行の確保等に関する法律(平成19年法律第66号。以下この条において「履行確保法」という。)第3条第6項、第4条第1項、第7条第2項、第8条第1項若しくは第2

建設業法等の一部を改正する法律新旧対照条文

改　正　後	改　正　前
条第1項若しくは第2項若しくは第10条の規定に違反した場合においては、当該建設業者に対して、必要な指示をすることができる。特定建設業者が第41条第2項又は第3項の規定による勧告に従わない場合において必要があると認めるときも、同様とする。 一・二　（略） 三　建設業者（建設業者が法人であるときは、当該法人又はその<u>役員等</u>）又は政令で定める使用人がその業務に関し他の法令（入札契約適正化法及び履行確保法並びにこれらに基づく命令を除く。）に違反し、建設業者として不適当であると認められるとき。 四～九　（略） 2・3　（略） 4　都道府県知事は、国土交通大臣又は他の都道府県知事の許可を受けた建設業者で当該都道府県の区域内において営業を行うものが、当該都道府県の区域内における営業に関し、第1項各号のいずれかに該当する場合又はこの法律の規定、入札契約適正化法<u>第15条第2項</u>若しくは<u>第3項</u>の規定若しくは履行確保法第3条第6項、第4条第1項、第7条第2項、第8条第1項若しくは第2項若しくは第10条の規定に違反した場合においては、当該建設業者に対して、必要な指示をすることができる。 5～7　（略） （許可の取消し） **第29条**　国土交通大臣又は都道府県知事は、その許可を受けた建設業者が<u>次の各号のいずれかに</u>該当するときは、当該建設業者の許可を取り消さなければならない。 一　（略）	項若しくは第10条の規定に違反した場合においては、当該建設業者に対して、必要な指示をすることができる。特定建設業者が第41条第2項又は第3項の規定による勧告に従わない場合において必要があると認めるときも、同様とする。 一・二　（略） 三　建設業者（建設業者が法人であるときは、当該法人又はその<u>役員</u>）又は政令で定める使用人がその業務に関し他の法令（入札契約適正化法及び履行確保法並びにこれらに基づく命令を除く。）に違反し、建設業者として不適当であると認められるとき。 四～九　（略） 2・3　（略） 4　都道府県知事は、国土交通大臣又は他の都道府県知事の許可を受けた建設業者で当該都道府県の区域内において営業を行うものが、当該都道府県の区域内における営業に関し、第1項各号のいずれかに該当する場合又はこの法律の規定、入札契約適正化法<u>第13条第1項</u>若しくは<u>第2項</u>の規定若しくは履行確保法第3条第6項、第4条第1項、第7条第2項、第8条第1項若しくは第2項若しくは第10条の規定に違反した場合においては、当該建設業者に対して、必要な指示をすることができる。 5～7　（略） （許可の取消し） **第29条**　国土交通大臣又は都道府県知事は、その許可を受けた建設業者が<u>次の各号の一に</u>該当するときは、当該建設業者の許可を取り消さなければならない。 一　（略）

改　　正　　後	改　　正　　前
二　第8条第1号又は第7号から<u>第13号</u>まで（第17条において準用する場合を含む。）のいずれかに該当するに至つた場合 二の二　第9条第1項各号（第17条において準用する場合を含む。）の<u>いずれかに該当する</u>場合において一般建設業の許可又は特定建設業の許可を受けないとき。 三～六　（略） 四　第12条各号（第17条において準用する場合を含む。）の<u>いずれかに該当する</u>に至つた場合 五　（略） 六　前条第1項各号の<u>いずれか</u>に該当し情状特に重い場合又は同条第3項<u>若しくは第5項</u>の規定による営業の停止の処分に違反した場合 2　（略） （営業の禁止） **第29条の4**　国土交通大臣又は都道府県知事は、建設業者その他の建設業を営む者に対して第28条第3項又は第5項の規定により営業の停止を命ずる場合においては、その者が法人であるときはその<u>役員等</u>及び当該処分の原因である事実について相当の責任を有する政令で定める使用人（当該処分の日前60日以内においてその<u>役員等</u>又はその政令で定める使用人であつた者を含む。次項において同じ。）に対して、個人であるときはその者及び当該処分の原因である事実について相当の責任を有する政令で定める使用人（当該処分の日前60日以内においてその政令で定める使用人であつた者を含む。次項において同じ。）に対して、当該停止を命ずる範囲の営業について、当該停止を命ずる期間と同一の期間を定めて、	二　第8条第1号又は第7号から<u>第11号</u>まで（第17条において準用する場合を含む。）のいずれかに該当するに至つた場合 二の二　第9条第1項各号（第17条において準用する場合を含む。）の<u>一に該当する</u>場合において一般建設業の許可又は特定建設業の許可を受けないとき。 三　（略） 四　第12条各号（第17条において準用する場合を含む。）の<u>一</u>に該当するに至つた場合 五　（略） 六　前条第1項各号の<u>一</u>に該当し情状特に重い場合又は同条第3項又は<u>第5項</u>の規定による営業の停止の処分に違反した場合 2　（略） （営業の禁止） **第29条の4**　国土交通大臣又は都道府県知事は、建設業者その他の建設業を営む者に対して第28条第3項又は第5項の規定により営業の停止を命ずる場合においては、その者が法人であるときはその<u>役員</u>及び当該処分の原因である事実について相当の責任を有する政令で定める使用人（当該処分の日前60日以内においてその<u>役員</u>又はその政令で定める使用人であつた者を含む。次項において同じ。）に対して、個人であるときはその者及び当該処分の原因である事実について相当の責任を有する政令で定める使用人（当該処分の日前60日以内においてその政令で定める使用人であつた者を含む。次項において同じ。）に対して、当該停止を命ずる範囲の営業について、当該停止を命ずる期間と同一の期間を定めて、新

建設業法等の一部を改正する法律新旧対照条文

改 正 後	改 正 前
新たに営業を開始すること（当該停止を命ずる範囲の営業をその目的とする法人の<u>役員等</u>になることを含む。）を禁止しなければならない。 2　国土交通大臣又は都道府県知事は、第29条第1項第5号又は第6号に該当することにより建設業者の許可を取り消す場合においては、当該建設業者が法人であるときはその<u>役員等</u>及び当該処分の原因である事実について相当の責任を有する政令で定める使用人に対して、個人であるときは当該処分の原因である事実について相当の責任を有する政令で定める使用人に対して、当該取消しに係る建設業について、5年間、新たに営業（第3条第1項ただし書の政令で定める軽微な建設工事のみを請け負うものを除く。）を開始することを禁止しなければならない。 第49条　第26条の15（第27条の32において準用する場合を含む。）又は第27条の14第2項（第27条の19第5項において準用する場合を含む。）の規定による講習、試験事務、交付等事務又は経営状況分析の停止の命令に違反したときは、その違反行為をした登録講習実施機関（その者が法人である場合にあつては、その役員）若しくはその職員、指定試験機関若しくは指定資格者証交付機関の役員若しくは職員又は登録経営状況分析機関（その者が法人である場合にあつては、その役員）若しくはその職員（第51条において「<u>登録講習実施機関等の役職員</u>」という。）は、1年以下の懲役又は100万円以下の罰金に処する。 第51条　次の各号のいずれかに該当するときは、その違反行為をした<u>登録講習実施機関等の役職員</u>は、50万円以下の罰金に処す	たに営業を開始すること（当該停止を命ずる範囲の営業をその目的とする法人の<u>役員</u>になることを含む。）を禁止しなければならない。 2　国土交通大臣又は都道府県知事は、第29条第1項第5号又は第6号に該当することにより建設業者の許可を取り消す場合においては、当該建設業者が法人であるときはその<u>役員</u>及び当該処分の原因である事実について相当の責任を有する政令で定める使用人に対して、個人であるときは当該処分の原因である事実について相当の責任を有する政令で定める使用人に対して、当該取消しに係る建設業について、5年間、新たに営業（第3条第1項ただし書の政令で定める軽微な建設工事のみを請け負うものを除く。）を開始することを禁止しなければならない。 第49条　第26条の15（第27条の32において準用する場合を含む。）又は第27条の14第2項（第27条の19第5項において準用する場合を含む。）の規定による講習、試験事務、交付等事務又は経営状況分析の停止の命令に違反したときは、その違反行為をした登録講習実施機関（その者が法人である場合にあつては、その役員）若しくはその職員、指定試験機関若しくは指定資格者証交付機関の役員若しくは職員又は登録経営状況分析機関（その者が法人である場合にあつては、その役員）若しくはその職員（第51条において「<u>登録講習実施機関等の役員等</u>」という。）は、1年以下の懲役又は100万円以下の罰金に処する。 第51条　次の各号のいずれかに該当するときは、その違反行為をした<u>登録講習実施機関等の役員等</u>は、50万円以下の罰金に処す

建設業法等の一部を改正する法律新旧対照条文

改　正　後		改　正　前	
る。		る。	
一～三　（略）		一～三　（略）	
別表第１		別表第１	
（略）	（略）	（略）	（略）
<u>舗装工事</u>	<u>舗装工事業</u>	<u>ほ装工事</u>	<u>ほ装工事業</u>
（略）	（略）	（略）	（略）
清掃施設工事	清掃施設工事業	清掃施設工事	清掃施設工事業
<u>解体工事</u>	<u>解体工事業</u>		

○公共工事の入札及び契約の適正化の促進に関する法律（平成12年法律第127号）（抄）

（下線の部分は改正部分）

改　正　後	改　正　前
目次 　第1章　総則（第1条―第3条） 　第2章　情報の公表（第4条―第9条） 　第3章　不正行為等に対する措置（第10条・第11条） 　第4章　適正な金額での契約の締結等のための措置（第12条・第13条） 　第5章　施工体制の適正化（第14条―第16条） 　第6章　適正化指針（第17条―第20条） 　第7章　国による情報の収集、整理及び提供等（第21条・第22条） 　附則 　（目的） 第1条　この法律は、国、特殊法人等及び地方公共団体が行う公共工事の入札及び契約について、その適正化の基本となるべき事項を定めるとともに、情報の公表、不正行為等に対する措置、適正な金額での契約の締結等のための措置及び施工体制の適正化の措置を講じ、併せて適正化指針の策定等の制度を整備すること等により、公共工事に対する国民の信頼の確保とこれを請け負う建設業の健全な発達を図ることを目的とする。 　（公共工事の入札及び契約の適正化の基本となるべき事項） 第3条　公共工事の入札及び契約については、次に掲げるところにより、その適正化が図られなければならない。	目次 　第1章　総則（第1条―第3条） 　第2章　情報の公表（第4条―第9条） 　第3章　不正行為等に対する措置（第10条・第11条） 　（新設） 　第4章　施工体制の適正化（第12条―第14条） 　第5章　適正化指針（第15条―第18条） 　第6章　国による情報の収集、整理及び提供等（第19条・第20条） 　附則 　（目的） 第1条　この法律は、国、特殊法人等及び地方公共団体が行う公共工事の入札及び契約について、その適正化の基本となるべき事項を定めるとともに、情報の公表、不正行為等に対する措置及び施工体制の適正化の措置を講じ、併せて適正化指針の策定等の制度を整備すること等により、公共工事に対する国民の信頼の確保とこれを請け負う建設業の健全な発達を図ることを目的とする。 　（公共工事の入札及び契約の適正化の基本となるべき事項） 第3条　公共工事の入札及び契約については、次に掲げるところにより、その適正化が図られなければならない。

改正後	改正前
一　入札及び契約の過程並びに契約の内容の透明性が確保されること。 二　入札に参加しようとし、又は契約の相手方になろうとする者の間の公正な競争が促進されること。 三　入札及び契約からの談合その他の不正行為の排除が徹底されること。 <u>四　その請負代金の額によっては公共工事の適正な施工が通常見込まれない契約の締結が防止されること。</u> <u>五</u>　契約された公共工事の適正な施工が確保されること。 （国土交通大臣又は都道府県知事への通知） 第11条　各省各庁の長等は、それぞれ国等が発注する公共工事の入札及び契約に関し、当該公共工事の受注者である建設業者（建設業法第2条第3項に規定する建設業者をいう<u>。次条において同じ。</u>）に次の各号のいずれかに該当すると疑うに足りる事実があるときは、当該建設業者が建設業の許可を受けた国土交通大臣又は都道府県知事及び当該事実に係る営業が行われる区域を管轄する都道府県知事に対し、その事実を通知しなければならない。 <u>一　建設業法第8条第9号、第10号（同条第9号に係る部分に限る。）、第11号（同条第9号に係る部分に限る。）、第12号（同条第9号に係る部分に限る。）若しくは第13号（これらの規定を同法第17条において準用する場合を含む。）又は第28条第1項第3号、第4号若しくは第6号から第8号までのいずれかに該当すること。</u> <u>二　第15条第2項若しくは第3項、同条第1項の規定により読み替えて適用される</u>	一　入札及び契約の過程並びに契約の内容の透明性が確保されること。 二　入札に参加しようとし、又は契約の相手方になろうとする者の間の公正な競争が促進されること。 三　入札及び契約からの談合その他の不正行為の排除が徹底されること。 （新設） 四　契約された公共工事の適正な施工が確保されること。 （国土交通大臣又は都道府県知事への通知） 第11条　各省各庁の長等は、それぞれ国等が発注する公共工事の入札及び契約に関し、当該公共工事の受注者である建設業者（建設業法第2条第3項に規定する建設業者をいう。）に次の各号のいずれかに該当すると疑うに足りる事実があるときは、当該建設業者が建設業の許可を受けた国土交通大臣又は都道府県知事及び当該事実に係る営業が行われる区域を管轄する都道府県知事に対し、その事実を通知しなければならない。 <u>一　建設業法第28条第1項第3号、第4号又は第6号から第8号までのいずれかに該当すること。</u> <u>二　第13条第1項若しくは第2項、同条第3項の規定により読み替えて適用される</u>

建設業法等の一部を改正する法律新旧対照条文

改 正 後	改 正 前
建設業法第24条の7第1項、第2項若しくは第4項又は同法第26条若しくは第26条の2の規定に違反したこと。	建設業法第24条の7第4項、同条第1項若しくは第2項又は同法第26条若しくは第26条の2の規定に違反したこと。
第4章　適正な金額での契約の締結等のための措置	（新設）
（入札金額の内訳の提出）	
第12条　建設業者は、公共工事の入札に係る申込みの際に、入札金額の内訳を記載した書類を提出しなければならない。	（新設）
（各省各庁の長等の責務）	
第13条　各省各庁の長等は、その請負代金の額によっては公共工事の適正な施工が通常見込まれない契約の締結を防止し、及び不正行為を排除するため、前条の規定により提出された書類の内容の確認その他の必要な措置を講じなければならない。	（新設）
第5章　施工体制の適正化	第4章　施工体制の適正化
（一括下請負の禁止）	（一括下請負の禁止）
第14条　（略）	第12条　（略）
（施工体制台帳の作成及び提出等）	（施工体制台帳の提出等）
第15条　公共工事についての建設業法第24条の7第1項、第2項及び第4項の規定の適用については、これらの規定中「特定建設業者」とあるのは「建設業者」と、同条第1項中「締結した下請契約の請負代金の額（当該下請契約が2以上あるときは、それらの請負代金の額の総額）が政令で定める金額以上になる」とあるのは「下請契約を締結した」と、同条第4項中「見やすい場所」とあるのは「工事関係者が見やすい場所及び公衆が見やすい場所」とする。	（新設）
2　公共工事の受注者（前項の規定により読み替えて適用される建設業法第24条の7第1項の規定により同項に規定する施工体制台帳（以下単に「施工体制台帳」という。）を作成しなければならないこととされてい	第13条　公共工事の受注者（建設業法第24条の7第1項の規定により同項に規定する施工体制台帳（以下単に「施工体制台帳」という。）を作成しなければならないこととされているものに限る。）は、作成した

建設業法等の一部を改正する法律新旧対照条文

改　正　後	改　正　前
るものに限る。）は、作成した施工体制台帳（同項の規定により記載すべきものとされた事項に変更が生じたことに伴い新たに作成されたものを含む。）の写しを発注者に提出しなければならない。この場合においては、同条第3項の規定は、適用しない。 3　前項の公共工事の受注者は、発注者から、公共工事の施工の技術上の管理をつかさどる者（次条において「施工技術者」という。）の設置の状況その他の工事現場の施工体制が施工体制台帳の記載に合致しているかどうかの点検を求められたときは、これを受けることを拒んではならない。 　（削る） 　（各省各庁の長等の責務） 第16条　（略） 　　　第6章　適正化指針 　（適正化指針の策定等） 第17条　国は、各省各庁の長等による公共工事の入札及び契約の適正化を図るための措置（第2章、第3章、第13条及び前条に規定するものを除く。）に関する指針（以下「適正化指針」という。）を定めなければならない。 2　適正化指針には、第3条各号に掲げるところに従って、次に掲げる事項を定めるものとする。 　一～三　（略） 　四　公正な競争を促進し、及びその請負代金の額によっては公共工事の適正な施工が通常見込まれない契約の締結を防止するための入札及び契約の方法の改善に関	施工体制台帳（同項の規定により記載すべきものとされた事項に変更が生じたことに伴い新たに作成されたものを含む。）の写しを発注者に提出しなければならない。この場合においては、同条第3項の規定は、適用しない。 2　前項の公共工事の受注者は、発注者から、公共工事の施工の技術上の管理をつかさどる者（次条において「施工技術者」という。）の設置の状況その他の工事現場の施工体制が施工体制台帳の記載に合致しているかどうかの点検を求められたときは、これを受けることを拒んではならない。 3　第1項の公共工事の受注者についての建設業法第24条の7第4項の規定の適用については、同項中「見やすい場所」とあるのは、「工事関係者が見やすい場所及び公衆が見やすい場所」とする。 　（各省各庁の長等の責務） 第14条　（略） 　　　第5章　適正化指針 　（適正化指針の策定等） 第15条　国は、各省各庁の長等による公共工事の入札及び契約の適正化を図るための措置（第2章及び第3章並びに前条に規定するものを除く。）に関する指針（以下「適正化指針」という。）を定めなければならない。 2　適正化指針には、第3条各号に掲げるところに従って、次に掲げる事項を定めるものとする。 　一～三　（略） 　四　公正な競争を促進するための入札及び契約の方法の改善に関すること。

改正後	改正前
すること。 　五・六　（略） 3～7　（略） 　（適正化指針に基づく責務） 第18条　（略） 　（措置の状況の公表） 第19条　（略） 　（要請） 第20条　（略） 　　　第7章　国による情報の収集、整理及び提供等 　（国による情報の収集、整理及び提供） 第21条　（略） 　（関係法令等に関する知識の習得等） 第22条　（略）	五・六　（略） 3～7　（略） 　（適正化指針に基づく責務） 第16条　（略） 　（措置の状況の公表） 第17条　（略） 　（要請） 第18条　（略） 　　　第6章　国による情報の収集、整理及び提供等 　（国による情報の収集、整理及び提供） 第19条　（略） 　（関係法令等に関する知識の習得等） 第20条　（略）

○浄化槽法（昭和58年法律第43号）（抄）

(下線の部分は改正部分)

改 正 後	改 正 前
（登録の申請） **第22条** （略） 一・二 （略） 三　法人にあつては、その役員（業務を執行する社員、取締役、執行役又はこれらに準ずる者をいい、<u>相談役、顧問その他いかなる名称を有する者であるかを問わず、法人に対し業務を執行する社員、取締役、執行役又はこれらに準ずる者と同等以上の支配力を有するものと認められる者を含む。第24条第1項において同じ。</u>）の氏名 四　（略） 2　（略） （登録の拒否） **第24条**　都道府県知事は、工事業登録申請者が次の各号のいずれかに該当する者であるとき、<u>又は申請書若しくはその添付書類</u>の重要な事項について虚偽の記載があり、若しくは重要な事実の記載が欠けているときは、その登録を拒否しなければならない。 一～四　（略） <u>五　暴力団員による不当な行為の防止等に関する法律（平成3年法律第77号）第2条第6号に規定する暴力団員又は同号に規定する暴力団員でなくなつた日から5年を経過しない者（第9号において「暴力団員等」という。）</u> <u>六～八</u>　（略） <u>九　暴力団員等がその事業活動を支配する者</u>	（登録の申請） **第22条** （略） 一・二 （略） 三　法人にあつては、その役員（業務を執行する社員、取締役、執行役又はこれらに準ずる者を<u>いう。以下同じ。</u>）の氏名 四　（略） 2　（略） （登録の拒否） **第24条**　都道府県知事は、工事業登録申請者が次の各号のいずれかに該当する者であるとき、<u>又は申請者若しくはその添付書類</u>の重要な事項について虚偽の記載があり、若しくは重要な事実の記載が欠けているときは、その登録を拒否しなければならない。 一～四　（略） （新設） <u>五～七</u>　（略） （新設）

改正後	改正前
2 （略） （廃業等の届出） **第26条** （略） 　一　（略） 　二　法人が合併により消滅した場合　その<u>役員（業務を執行する社員、取締役、執行役又はこれらに準ずる者をいう。以下同じ。）</u>であつた者 　三～五　（略） （指示、登録の取消し、事業の停止等） **第32条** （略） 2　都道府県知事は、浄化槽工事業者が次の各号の<u>いずれか</u>に該当するときは、その登録を取り消し、又は6月以内の期間を定めてその事業の全部若しくは一部の停止を命ずることができる。 　一　（略） 　二　第24条第1項第1号、第3号又は第5号から<u>第9号</u>までのいずれかに該当することとなつたとき。 　三・四　（略） 3　（略）	2　（略） （廃業等の届出） **第26条**　（略） 　一　（略） 　二　法人が合併により消滅した場合　その役員であつた者 　三～五　（略） （指示、登録の取消し、事業の停止等） **第32条**　（略） 2　都道府県知事は、浄化槽工事業者が次の各号の<u>一</u>に該当するときは、その登録を取り消し、又は6月以内の期間を定めてその事業の全部若しくは一部の停止を命ずることができる。 　一　（略） 　二　第24条第1項第1号、第3号又は第5号から<u>第7号</u>までのいずれかに該当することとなつたとき。 　三・四　（略） 3　（略）

○建設工事に係る資材の再資源化等に関する法律
（平成12年法律第104号）（抄）

（下線の部分は改正部分）

改　正　後	改　正　前
（解体工事業者の登録） 第21条　解体工事業を営もうとする者（建設業法別表第１の下欄に掲げる土木工事業、建築工事業又は<u>解体工事業</u>に係る同法第３条第１項の許可を受けた者を除く。）は、当該業を行おうとする区域を管轄する都道府県知事の登録を受けなければならない。 2〜5　（略） （登録の申請） 第22条　（略） 一・二　（略） 三　法人である場合においては、その役員（業務を執行する社員、取締役、執行役又はこれらに準ずる者<u>をいい、相談役、顧問その他いかなる名称を有する者であるかを問わず、法人に対し業務を執行する社員、取締役、執行役又はこれらに準ずる者と同等以上の支配力を有するものと認められる者を含む。次号及び第24条第１項において同じ。</u>）の氏名 四・五　（略） 2　（略） （登録の拒否） 第24条　都道府県知事は、解体工事業者の登録を受けようとする者が次の各号のいずれかに該当するとき、又は申請書若しくはその添付書類のうちに重要な事項について虚偽の記載があり、若しくは重要な事実の記載が欠けているときは、その登録を拒否	（解体工事業者の登録） 第21条　解体工事業を営もうとする者（建設業法別表第１の下欄に掲げる土木工事業、建築工事業又は<u>とび・土工工事業</u>に係る同法第３条第１項の許可を受けた者を除く。）は、当該業を行おうとする区域を管轄する都道府県知事の登録を受けなければならない。 2〜5　（略） （登録の申請） 第22条　（略） 一・二　（略） 三　法人である場合においては、その役員（業務を執行する社員、取締役、執行役又はこれらに準ずる者<u>をいう。以下この章において同じ。</u>）の氏名 四・五　（略） 2　（略） （登録の拒否） 第24条　都道府県知事は、解体工事業者の登録を受けようとする者が次の各号のいずれかに該当するとき、又は申請書若しくはその添付書類のうちに重要な事項について虚偽の記載があり、若しくは重要な事実の記載が欠けているときは、その登録を拒否

建設業法等の一部を改正する法律新旧対照条文

改　正　後	改　正　前
しなければならない。 一～四　（略） 五　暴力団員による不当な行為の防止等に関する法律（平成3年法律第77号）第2条第6号に規定する暴力団員又は同号に規定する暴力団員でなくなった日から5年を経過しない者（第9号において「暴力団員等」という。） 六　（略） 七　法人でその役員のうちに第1号から第5号までのいずれかに該当する者があるもの 八　（略） 九　暴力団員等がその事業活動を支配する者 2　（略） （変更の届出） 第25条　（略） 2　都道府県知事は、前項の規定による届出を受理したときは、当該届出に係る事項が前条第1項第6号から第8号までのいずれかに該当する場合を除き、届出があった事項を解体工事業者登録簿に登録しなければならない。 3　（略） （廃業等の届出） 第27条　（略） 一　（略） 二　法人が合併により消滅した場合　その法人を代表する役員（業務を執行する社員、取締役、執行役又はこれらに準ずる者をいう。第5号において同じ。）であった者 三～五　（略） 2　（略） （登録の取消し等）	しなければならない。 一～四　（略） （新設） 五　（略） 六　法人でその役員のうちに第1号から第4号までのいずれかに該当する者があるもの 七　（略） （新設） 2　（略） （変更の届出） 第25条　（略） 2　都道府県知事は、前項の規定による届出を受理したときは、当該届出に係る事項が前条第1項第5号から第7号までのいずれかに該当する場合を除き、届出があった事項を解体工事業者登録簿に登録しなければならない。 3　（略） （廃業等の届出） 第27条　（略） 一　（略） 二　法人が合併により消滅した場合　その法人を代表する役員であった者 三～五　（略） 2　（略） （登録の取消し等）

建設業法等の一部を改正する法律新旧対照条文

改　正　後	改　正　前
第35条　（略） 　一　（略） 　二　第24条第1項第2号又は第4号から<u>第9号</u>までのいずれかに該当することとなったとき。 　三　（略） 2　（略）	第35条　（略） 　一　（略） 　二　第24条第1項第2号又は第4号から<u>第7号</u>までのいずれかに該当することとなったとき。 　三　（略） 2　（略）

建設業法等の一部を改正する法律

$\begin{pmatrix} 平成26年6月4日 \\ 法　律　第　55　号 \end{pmatrix}$

（建設業法の一部改正）
第1条　建設業法（昭和24年法律第100号）の一部を次のように改正する。

　　目次中「・第27条の38」を「―第27条の39」に改める。

　　第5条第3号中「役員」を「役員等（業務を執行する社員、取締役、執行役若しくはこれらに準ずる者又は相談役、顧問その他いかなる名称を有する者であるかを問わず、法人に対し業務を執行する社員、取締役、執行役若しくはこれらに準ずる者と同等以上の支配力を有するものと認められる者をいう。以下同じ。）」に改め、同条中第6号を第7号とし、第5号を第6号とし、第4号の次に次の1号を加える。

　　五　第7条第1号イ又はロに該当する者（法人である場合においては同号に規定する役員のうち常勤であるものの1人に限り、個人である場合においてはその者又はその支配人のうち1人に限る。）及びその営業所ごとに置かれる同条第2号イ、ロ又はハに該当する者の氏名

　　第6条第1項第4号及び第7条第3号中「役員」を「役員等」に改める。

　　第8条中「第11号」を「第13号」に改め、同条第4号中「役員」を「役員等」に改め、同条第11号中「第8号」を「第9号」に改め、同号を同条第12号とし、同条第10号中「役員」を「役員等」に、「第8号」を「第9号」に改め、同号を同条第11号とし、同条第9号中「役員」を「役員等」に、「第8号」を「前号」に改め、同号を同条第10号とし、同条第8号の次に次の1号を加える。

　　九　暴力団員による不当な行為の防止等に関する法律第2条第6号に規定する暴力団員又は同号に規定する暴力団員でなくなつた日から5年を経過しない者（第13号において「暴力団員等」という。）

　　第8条に次の1号を加える。

　　十三　暴力団員等がその事業活動を支配する者

　　第11条第1項中「第4号」を「第5号」に改め、同条第5項中「第11号」を「第13号」に改める。

　　第13条中「第5条、第6条第1項及び第11条第1項から第4項までに規定する」を「次に掲げる」に改め、同条に次の各号を加える。

　　一　第5条の許可申請書
　　二　第6条第1項に規定する書類（同項第1号から第4号までに掲げる書類であるものに限る。）
　　三　第11条第1項の変更届出書

四　第11条第2項に規定する第6条第1項第1号及び第2号に掲げる書類

五　第11条第3項に規定する第6条第1項第3号に掲げる書面の記載事項に変更が生じた旨の書面

六　前各号に掲げる書類以外の書類で国土交通省令で定めるもの

　第17条中「おいて」の下に「、第5条第5号中「同条第2号イ、ロ又はハ」とあるのは「第15条第2号イ、ロ又はハ」と」を加える。

　第20条第2項中「提示しなければ」を「交付しなければ」に改める。

　第25条の27の見出しを「（建設工事の担い手の育成及び確保その他の施工技術の確保）」に改め、同条第1項中「建設業者は、」の下に「建設工事の担い手の育成及び確保その他の」を加え、同条第2項中「前項の」の下に「建設工事の担い手の育成及び確保その他の」を、「講習」の下に「及び調査」を加える。

　第27条の37中「指導等」を「講習、指導、広報その他の」に改める。

　第4章の3中第27条の38の次に次の1条を加える。

　（建設業者団体等の責務）

第27条の39　建設業者団体は、その事業を行うに当たつては、建設工事の担い手の育成及び確保その他の施工技術の確保に資するよう努めなければならない。

2　国土交通大臣は、建設業者団体が行う建設工事の担い手の育成及び確保その他の施工技術の確保に関する取組の状況について把握するよう努めるとともに、当該取組が促進されるように必要な措置を講ずるものとする。

　第28条第1項中「第13条第3項」を「第15条第1項」に、「第24条の7第4項」を「第24条の7第1項、第2項及び第4項」に、「第13条第1項若しくは第2項」を「第15条第2項若しくは第3項」に改め、同項第3号中「役員」を「役員等」に改め、同条第4項中「第13条第1項若しくは第2項」を「第15条第2項若しくは第3項」に改める。

　第29条第1項中「次の各号の一に」を「次の各号のいずれかに」に改め、同項第2号中「第11号」を「第13号」に改め、同項第2号の2及び第4号中「一に」を「いずれかに」に改め、同項第6号中「一に」を「いずれかに」に、「又は第5項」を「若しくは第5項」に改める。

　第29条の4中「役員」を「役員等」に改める。

　第49条及び第51条中「登録講習実施機関等の役員等」を「登録講習実施機関等の役職員」に改める。

　別表第1ほ装工事の項を次のように改める。

| 舗装工事 | 舗装工事業 |

　別表第1に次のように加える。

| 解体工事 | 解体工事業 |

　（公共工事の入札及び契約の適正化の促進に関する法律の一部改正）

第2条　公共工事の入札及び契約の適正化の促進に関する法律（平成12年法律第127号）の一部を次のように改正する。

建設業法等の一部を改正する法律

目次中「第4章　施工体制の適正化（第12条―第14条）」を「第4章　適正な金額での契約の締結等のための措置（第12条・第13条）　第5章　施工体制の適正化（第14条―第16条）」に、「第5章」を「第6章」に、「第15条―第18条」を「第17条―第20条」に、「第6章」を「第7章」に、「第19条・第20条」を「第21条・第22条」に改める。

第1条中「対する措置」の下に「、適正な金額での契約の締結等のための措置」を加える。

第3条中第4号を第5号とし、第3号の次に次の1号を加える。

　四　その請負代金の額によっては公共工事の適正な施工が通常見込まれない契約の締結が防止されること。

第11条中「いう」の下に「。次条において同じ」を加え、同条各号を次のように改める。

一　建設業法第8条第9号、第10号（同条第9号に係る部分に限る。）、第11号（同条第9号に係る部分に限る。）、第12号（同条第9号に係る部分に限る。）若しくは第13号（これらの規定を同法第17条において準用する場合を含む。）又は第28条第1項第3号、第4号若しくは第6号から第8号までのいずれかに該当すること。

二　第15条第2項若しくは第3項、同条第1項の規定により読み替えて適用される建設業法第24条の7第1項、第2項若しくは第4項又は同法第26条若しくは第26条の2の規定に違反したこと。

第20条を第22条とし、第19条を第21条とする。

第6章を第7章とする。

第5章中第18条を第20条とし、第17条を第19条とし、第16条を第18条とする。

第15条第1項中「及び第3章並びに」を「、第3章、第13条及び」に改め、同条第2項第4号中「促進する」を「促進し、及びその請負代金の額によっては公共工事の適正な施工が通常見込まれない契約の締結を防止する」に改め、同条を第17条とする。

第5章を第6章とする。

第4章中第14条を第16条とする。

第13条の見出し中「提出等」を「作成及び提出等」に改め、同条中第3項を削り、第2項を第3項とし、同条第1項中「受注者（」の下に「前項の規定により読み替えて適用される」を加え、同項を同条第2項とし、同条に第1項として次の1項を加える。

　公共工事についての建設業法第24条の7第1項、第2項及び第4項の規定の適用については、これらの規定中「特定建設業者」とあるのは「建設業者」と、同条第1項中「締結した下請契約の請負代金の額（当該下請契約が2以上あるときは、それらの請負代金の額の総額）が政令で定める金額以上になる」とあるのは「下請契約を締結した」と、同条第4項中「見やすい場所」とあるのは「工事関係者が見やすい場所及び公衆が見やすい場所」とする。

第13条を第15条とし、第12条を第14条とする。

第4章を第5章とし、第3章の次に次の1章を加える。

　　　第4章　適正な金額での契約の締結等のための措置

　（入札金額の内訳の提出）

第12条　建設業者は、公共工事の入札に係る申込みの際に、入札金額の内訳を記載した書類を提出しなければならない。

　（各省各庁の長等の責務）

第13条　各省各庁の長等は、その請負代金の額によっては公共工事の適正な施工が通常見込まれない契約の締結を防止し、及び不正行為を排除するため、前条の規定により提出された書類の内容の確認その他の必要な措置を講じなければならない。
　（浄化槽法の一部改正）
第3条　浄化槽法（昭和58年法律第43号）の一部を次のように改正する。
　第22条第1項第3号中「いう。以下」を「いい、相談役、顧問その他いかなる名称を有する者であるかを問わず、法人に対し業務を執行する社員、取締役、執行役又はこれらに準ずる者と同等以上の支配力を有するものと認められる者を含む。第24条第1項において」に改める。
　第24条第1項中「又は申請者」を「又は申請書」に改め、第7号を第8号とし、第6号を第7号とし、第5号を第6号とし、第4号の次に次の1号を加える。
　五　暴力団員による不当な行為の防止等に関する法律（平成3年法律第77号）第2条第6号に規定する暴力団員又は同号に規定する暴力団員でなくなつた日から5年を経過しない者（第9号において「暴力団員等」という。）
　第24条第1項に次の1号を加える。
　九　暴力団員等がその事業活動を支配する者
　第26条第2号中「役員」の下に「（業務を執行する社員、取締役、執行役又はこれらに準ずる者をいう。以下同じ。）」を加える。
　第32条第2項中「一に」を「いずれかに」に改め、同項第2号中「第7号」を「第9号」に改める。
　（建設工事に係る資材の再資源化等に関する法律の一部改正）
第4条　建設工事に係る資材の再資源化等に関する法律（平成12年法律第104号）の一部を次のように改正する。
　第21条第1項中「とび・土工工事業」を「解体工事業」に改める。
　第22条第1項第3号中「いう。以下この章」を「いい、相談役、顧問その他いかなる名称を有する者であるかを問わず、法人に対し業務を執行する社員、取締役、執行役又はこれらに準ずる者と同等以上の支配力を有するものと認められる者を含む。次号及び第24条第1項」に改める。
　第24条第1項第7号を同項第8号とし、同項第6号中「第4号」を「第5号」に改め、同号を同項第7号とし、同項中第5号を第6号とし、第4号の次に次の1号を加える。
　五　暴力団員による不当な行為の防止等に関する法律（平成3年法律第77号）第2条第6号に規定する暴力団員又は同号に規定する暴力団員でなくなった日から5年を経過しない者（第9号において「暴力団員等」という。）
　第24条第1項に次の1号を加える。
　九　暴力団員等がその事業活動を支配する者
　第25条第2項中「前条第1項第5号から第7号まで」を「前条第1項第6号から第8号まで」に改める。
　第27条第1項第2号中「役員」の下に「（業務を執行する社員、取締役、執行役又はこれらに準ずる者をいう。第5号において同じ。）」を加える。

建設業法等の一部を改正する法律

第35条第1項第2号中「第7号」を「第9号」に改める。
　　附　則
（施行期日）
第1条　この法律は、公布の日から起算して1年を超えない範囲内において政令で定める日から施行する。ただし、次の各号に掲げる規定は、当該各号に定める日から施行する。
　一　第1条（建設業法目次、第25条の27（見出しを含む。）及び第27条の37の改正規定並びに同法第4章の3中第27条の38の次に1条を加える改正規定に限る。）及び附則第7条の規定　公布の日
　二　第1条（建設業法別表第1の改正規定に限る。）、第4条（建設工事に係る資材の再資源化等に関する法律第21条第1項の改正規定に限る。）及び附則第3条の規定　公布の日から起算して2年を超えない範囲内において政令で定める日
（建設業法の一部改正に伴う経過措置）
第2条　第1条の規定による改正後の建設業法（以下「新建設業法」という。）第11条第1項（新建設業法第17条において準用する場合を含む。）の規定は、新建設業法第5条第1号から第5号までに掲げる事項の変更であってこの法律の施行後にあるものについて適用し、この法律の施行前にあった当該事項の変更については、なお従前の例による。
2　新建設業法第13条（新建設業法第17条において準用する場合を含む。）の規定は、この法律の施行後に提出された書類について適用し、この法律の施行前に提出された書類については、なお従前の例による。
第3条　附則第1条第2号に掲げる規定の施行の際現に第1条の規定による改正前の建設業法（以下この条において「旧建設業法」という。）別表第1の下欄に掲げるとび・土工工事業（第5項において「とび・土工工事業」という。）に係る旧建設業法第3条第1項の許可を受けている者であって、新建設業法別表第1の下欄に掲げる解体工事業（以下この条において「解体工事業」という。）に該当する営業を営んでいるものは、同号に掲げる規定の施行の日（第5項において「第2号施行日」という。）から3年間は、解体工事業に係る新建設業法第3条第1項の許可を受けないでも、引き続き当該営業を営むことができる。その者がその期間内に解体工事業に係る同項の許可を申請した場合において、その期間を経過したときは、その申請について許可又は不許可の処分があるまでの間も、同様とする。
2　前項の規定により引き続き解体工事業に該当する営業を営む者については、その者を解体工事業に係る新建設業法第3条第1項の許可を受けた者とみなして、新建設業法第4条及び第26条の2の規定を適用する。
3　第1項の規定により引き続き解体工事業に該当する営業を営む者がその請け負った解体工事を施工する場合における新建設業法第26条の規定の適用については、同条第1項及び第2項中「当該建設工事に関し」とあるのは、「解体工事又はとび・土工・コンクリート工事に関し」とする。
4　第1項の規定により引き続き解体工事業に該当する営業を営む者については、第4条の規定による改正後の建設工事に係る資材の再資源化等に関する法律（附則第6条において「新建設資材再資源化法」という。）第21条第1項の規定は、適用しない。

5 新建設業法第7条第1号の規定による解体工事業に係る許可の基準については、第2号施行日前におけるとび・土工工事業に関する旧建設業法第7条第1号イに規定する経営業務の管理責任者としての経験は、解体工事業に関する新建設業法第7条第1号イに規定する経営業務の管理責任者としての経験とみなす。

（公共工事の入札及び契約の適正化の促進に関する法律の一部改正に伴う経過措置）

第4条　第2条の規定による改正後の公共工事の入札及び契約の適正化の促進に関する法律（次項において「新入札契約適正化法」という。）第4章の規定は、この法律の施行の際現に入札に付されている公共工事については、適用しない。

2　この法律の施行前に締結された契約に係る公共工事の施工については、新入札契約適正化法第15条の規定にかかわらず、なお従前の例による。

（浄化槽法の一部改正に伴う経過措置）

第5条　第3条の規定による改正後の浄化槽法（以下この条において「新浄化槽法」という。）第25条第1項の規定は、新浄化槽法第22条第1項各号に掲げる事項の変更であってこの法律の施行後にあるものについて適用し、この法律の施行前にあった当該事項の変更については、なお従前の例による。

（建設工事に係る資材の再資源化等に関する法律の一部改正に伴う経過措置）

第6条　新建設資材再資源化法第25条第1項の規定は、新建設資材再資源化法第22条第1項各号に掲げる事項の変更であってこの法律の施行後にあるものについて適用し、この法律の施行前にあった当該事項の変更については、なお従前の例による。

（政令への委任）

第7条　附則第2条から前条までに定めるもののほか、この法律の施行に関し必要な経過措置（罰則に関する経過措置を含む。）は、政令で定める。

（検討）

第8条　政府は、この法律の施行後5年を経過した場合において、第1条から第4条までの規定による改正後の規定の施行の状況について検討を加え、必要があると認めるときは、その結果に基づいて所要の措置を講ずるものとする。

　　　　　理　由

建設業を取り巻く社会経済情勢の変化等に鑑み、建設工事の適正な施工を確保するため、許可に係る建設工事の種類に解体工事を追加するとともに、暴力団員であること等を許可に係る欠格要件及び取消事由に追加するほか、公共工事の入札に参加しようとする者に対し入札金額の内訳の提出を義務付ける等の所要の措置を講ずる必要がある。これが、この法律案を提出する理由である。

5. 建設業法等の一部を改正する法律案に対する附帯決議

○建設業法等の一部を改正する法律案及び建築基準法の一部を改正する法律案に対する附帯決議

（平成26年4月3日 参議院国土交通委員会）

　政府は、両法の施行に当たり、次の諸点について適切な措置を講じ、その運用に万全を期すべきである。

一　公共工事設計労務単価の引上げが一次下請以下のすべての建設労働者の賃金の支払いに確実に反映されるよう、賃金の支払い状況の把握に努めるとともに、所要の対策を講ずること。

二　公共工事における施工体制台帳の作成・提出の義務付けに当たっては、一次下請以下の施工体制の的確な把握により、手抜き工事や不当な中間搾取などの防止、安全な労働環境の確保などの適切な施工体制の確立を図ること。

三　建設労働者の社会保険の加入が早急かつ確実に実現されるよう指導監督を強化するとともに、所要の対策を講ずること。

四　建築物における木材利用の促進を図るため、大規模木造建築等を可能にする新たな木質材料であるCLT（直交集成板）について、構法等に係る技術研究を推進し、CLTによる建築物の基準を策定するなど、その早期活用・普及に向けた取組を進めること。

　右決議する。

○建設業法等の一部を改正する法律案に対する附帯決議

（平成26年5月27日 衆議院国土交通委員会）

　政府は、本法の施行に当たっては、次の諸点に留意し、その運用について遺漏なきを期すべきである。

一　建設工事の適正な施工とその中長期的な担い手確保を図るため、低入札価格調査制度などの導入が進んでいない市町村において導入を促進することなどのダンピング受注対策の更なる強化を図ること。

二　公共工事設計労務単価の引上げが一次下請以下の全ての建設労働者の賃金上昇につながる

建設業法等の一部を改正する法律案に対する附帯決議

よう、賃金の支払い状況の把握を含め所要の対策を講ずるとともに、最近の技能労働者の不足等の市場実態を反映した公共工事設計労務単価の適宜適切な見直しを行うこと。

三　建設業許可に係る業種区分の見直しによって新設される解体工事業の許可に当たっては、混乱のないように円滑な施行に努めるとともに、解体工事に伴う重大事故が絶えないことに鑑み、公衆災害の防止に万全を期すこと。

四　公共工事における施工体制台帳の作成及び提出の義務付けに当たっては、一次下請以下の施工体制の的確な把握により、手抜き工事や不当な中間搾取などの防止、安全な労働環境の確保などの適切な施工体制の確立を図ること。

五　建設労働者の社会保険の加入が早急かつ確実に実現されるよう、適正な額の請負代金での下請契約の締結を含め指導監督を強化するとともに、所要の対策を講ずること。

6. 建設業法等の一部を改正する法律の施行期日を定める政令

○建設業法等の一部を改正する法律の施行期日を定める政令要綱

　建設業法等の一部を改正する法律（平成26年法律第55号）の施行期日は、平成27年4月1日とすること。ただし、公共工事の入札及び契約の適正化の基本となるべき事項等に係る規定の施行期日は、平成26年9月20日とすること。

○建設業法等の一部を改正する法律の施行期日を定める政令

〔平成26年9月19日　政令第307号〕

　内閣は、建設業法等の一部を改正する法律（平成26年法律第55号）附則第1条本文の規定に基づき、この政令を制定する。
　建設業法等の一部を改正する法律の施行期日は、平成27年4月1日とする。ただし、同法第2条中公共工事の入札及び契約の適正化の促進に関する法律（平成12年法律第127号）第3条及び第15条第2項第4号の改正規定の施行期日は、平成26年9月20日とする。

　　　　理　由
　建設業法等の一部を改正する法律の施行期日を定める必要があるからである。

7. 建設業法等の一部を改正する法律の施行に伴う関係政令の整備等に関する政令要綱

第1 建設業法施行令の一部改正

1 許可申請書等の閲覧制度の改正
　都道府県知事の設ける閲覧所における国土交通大臣の許可を受けた建設業者に係る許可申請書等の写しの閲覧を廃止するものとすること。（第5条関係）

2 技術検定の不正受検者に対する措置の強化
　不正の手段によって技術検定を受け、合格の決定を取り消された者等に対し、一定の期間受検を禁止することができるものとすること。（第27条の9関係）

3 立入検査資格の緩和
　建設業を営む者に対して立入検査をすることができる職員の資格を緩和するものとすること。（第28条関係）

4 その他所要の改正を行うものとすること。

第2 国立大学法人法施行令の一部改正

建設業法等の一部を改正する法律の施行に伴い、国立大学法人法施行令について所要の改正を行うものとすること。

第3 附則

1 この政令は、建設業法等の一部を改正する法律の施行の日（平成27年4月1日）から施行するものとすること。（附則第1項関係）

2 この政令の施行に伴う所要の経過措置について定めるものとすること。（附則第2項関係）

3 その他所要の改正を行うものとすること。（附則第3項関係）

8. 建設業法等の一部を改正する法律の施行に伴う関係政令の整備等に関する政令新旧対照条文

○建設業法施行令（昭和31年政令第273号）（抄）

（下線の部分は改正部分）

改正後	改正前
（使用人） 第3条　法第6条第1項第4号（法第17条において準用する場合を含む。）、法第7条第3号、法第8条第4号、<u>第11号及び第12号</u>（これらの規定を法第17条において準用する場合を含む。）、法第28条第1項第3号並びに法第29条の4の政令で定める使用人は、支配人及び支店又は第1条に規定する営業所の代表者（支配人である者を除く。）であるものとする。 （閲覧所） 第5条　（略） 2　（略） 3　都道府県知事の設ける閲覧所においては、<u>当該都道府県知事の許可を受けた建設業者に係る許可申請書等</u>を公衆の閲覧に供しなければならない。	（使用人） 第3条　法第6条第1項第4号（法第17条において準用する場合を含む。）、法第7条第3号、法第8条第4号、<u>第10号及び第11号</u>（これらの規定を法第17条において準用する場合を含む。）、法第28条第1項第3号並びに法第29条の4の政令で定める使用人は、支配人及び支店又は第1条に規定する営業所の代表者（支配人である者を除く。）であるものとする。 （閲覧所） 第5条　（略） 2　（略） 3　都道府県知事の設ける閲覧所においては、<u>次の</u>書類<u>等</u>を公衆の閲覧に供しなければならない。 　<u>一　当該都道府県知事の許可を受けた建設業者に係る許可申請書等</u> 　<u>二　国土交通大臣の許可を受けた建設業者で当該都道府県の区域内に営業所を有するものに係る許可申請書等の写しで国土交通大臣から送付を受けたもの</u>

建設業法等の一部を改正する法律の施行に伴う関係政令の整備等に関する政令新旧対照条文

改正後	改正前
（削る）	4　前項の規定により都道府県が処理することとされている事務（同項第2号に掲げる書類等の閲覧に関するものに限る。）は、地方自治法（昭和22年法律第67号）第2条第9項第1号に規定する第1号法定受託事務とする。
（合格の取消し等） 第27条の9　国土交通大臣は、不正の手段によつて技術検定を受け、又は受けようとした者に対しては、合格の決定を取り消し、又はその技術検定を受けることを禁止することができる。 2　前項の規定により合格の決定を取り消された者は、合格証明書を国土交通大臣に返付しなければならない。 3　国土交通大臣は、第1項の規定による処分を受けた者に対し、3年以内の期間を定めて技術検定を受けることができないものとすることができる。	（合格の取消し） 第27条の9　国土交通大臣は、技術検定に合格した者が不正の方法によつて技術検定を受けたことが明らかになつたときは、その合格を取り消さなければならない。 2　合格を取り消された者は、合格証明書を国土交通大臣に返付しなければならない。
（立入検査をする職員の資格） 第28条　法第31条第1項の規定により立入検査をすることができる職員は、一般職の職員の給与に関する法律（昭和25年法律第95号）第6条第1項第1号イに規定する行政職俸給表(1)の適用を受ける国家公務員又はこれに準ずる都道府県の公務員でなければならない。	（立入検査をする職員の資格） 第28条　法第31条第1項の規定により立入検査をすることができる職員は、一般職の職員の給与に関する法律（昭和25年法律第95号）第6条第1項第1号イに規定する行政職俸給表(1)の適用を受ける国家公務員又はこれに準ずる都道府県の公務員で、1年以上建設に関する行政の経験を有する者でなければならない。

建設業法等の一部を改正する法律の施行に伴う関係政令の整備等に関する政令新旧対照条文

○国立大学法人法施行令（平成15年政令第478号）（抄）

（下線の部分は改正部分）

改正後		改正前	
第23条　（略）		第23条　（略）	
2　次の表の上欄に掲げる法令の規定については、国立大学法人等を同表の下欄に掲げる独立行政法人とみなして、これらの規定を準用する。		2　次の表の上欄に掲げる法令の規定については、国立大学法人等を同表の下欄に掲げる独立行政法人とみなして、これらの規定を準用する。	
（略）		（略）	（略）
公共工事の入札及び契約の適正化の促進に関する法律（平成12年法律第127号）第1条、第2条第1項及び第2項、第6条、第10条、第11条、<u>第13条、第16条、第17条第1項及び第2項、同条第3項及び第4項（これらの規定を同条第7項において準用する場合を含む。）、第18条、第19条第1項、第20条第1項並びに第22条第1項</u>	同法第2条第1項の政令で定める独立行政法人	公共工事の入札及び契約の適正化の促進に関する法律（平成12年法律第127号）第1条、第2条第1項及び第2項、第6条、第10条、第11条、<u>第14条、第15条第1項及び第2項、同条第3項及び第4項（これらの規定を同条第7項において準用する場合を含む。）、第16条、第17条第1項、第18条第1項並びに第20条第1項</u>	同法第2条第1項の政令で定める独立行政法人
（略）		（略）	（略）
3　（略）		3　（略）	

建設業法等の一部を改正する法律の施行に伴う関係政令の整備等に関する政令新旧対照条文

○地方自治法施行令（昭和22年政令第16号）（抄）

（下線の部分は改正部分）

改正後	改正前
別表第1　第1号法定受託事務（第1条関係） 備考　この表の下欄の用語の意義及び字句の意味は、上欄に掲げる政令における用語の意義及び字句の意味によるものとする。	別表第1　第1号法定受託事務（第1条関係） 備考　この表の下欄の用語の意義及び字句の意味は、上欄に掲げる政令における用語の意義及び字句の意味によるものとする。

政令	事務	政令	事務
（略）	（略）	（略）	（略）
（削る。）	（削る。）	<u>建設業法施行令（昭和31年政令第273号）</u>	<u>第5条第3項の規定により都道府県が処理することとされている事務（同項第2号に掲げる書類等の閲覧に関するものに限る。）</u>
（略）	（略）	（略）	（略）

9. 建設業法等の一部を改正する法律の施行に伴う関係政令の整備等に関する政令

（平成26年9月19日）
（政令第308号）

内閣は、建設業法等の一部を改正する法律（平成26年法律第55号）の施行に伴い、並びに建設業法（昭和24年法律第100号）第13条、第27条第1項及び第31条第3項並びに国立大学法人法（平成15年法律第112号）第37条第2項の規定に基づき、この政令を制定する。

（建設業法施行令の一部改正）

第1条　建設業法施行令（昭和31年政令第273号）の一部を次のように改正する。

第3条中「第10号及び第11号」を「第11号及び第12号」に改める。

第5条第3項中「次の書類等」を「当該都道府県知事の許可を受けた建設業者に係る許可申請書等」に改め、同項各号及び同条第4項を削る。

第27条の9の見出しを「（合格の取消し等）」に改め、同条第1項を次のように改める。

　　国土交通大臣は、不正の手段によつて技術検定を受け、又は受けようとした者に対しては、合格の決定を取り消し、又はその技術検定を受けることを禁止することができる。

第27条の9第2項中「合格を」を「前項の規定により合格の決定を」に改め、同条に次の1項を加える。

3　国土交通大臣は、第1項の規定による処分を受けた者に対し、3年以内の期間を定めて技術検定を受けることができないものとすることができる。

第28条中「、1年以上建設に関する行政の経験を有する者で」を削る。

（国立大学法人法施行令の一部改正）

第2条　国立大学法人法施行令（平成15年政令第478号）の一部を次のように改正する。

第23条第2項の表公共工事の入札及び契約の適正化の促進に関する法律（平成12年法律第127号）第1条、第2条第1項及び第2項、第6条、第10条、第11条、第14条、第15条第1項及び第2項、同条第3項及び第4項（これらの規定を同条第7項において準用する場合を含む。）、第16条、第17条第1項、第18条第1項並びに第20条第1項の項中「第14条、第15条第1項」を「第13条、第16条、第17条第1項」に、「第16条、第17条第1項、第18条第1項並びに第20条第1項」を「第18条、第19条第1項、第20条第1項並びに第22条第1項」に改める。

　　附　則

（施行期日）

1　この政令は、建設業法等の一部を改正する法律の施行の日（平成27年4月1日）から施行する。

建設業法等の一部を改正する法律の施行に伴う関係政令の整備等に関する政令

（建設業法施行令の一部改正に伴う経過措置）
2　この政令の施行前に行われた技術検定を不正の方法によって受けた者については、第1条の規定による改正後の建設業法施行令第27条の9の規定にかかわらず、なお従前の例による。
　（地方自治法施行令の一部改正）
3　地方自治法施行令（昭和22年政令第16号）の一部を次のように改正する。
　別表第1建設業法施行令（昭和31年政令第273号）の項を削る。

　　　理　由
　建設業法等の一部を改正する法律の施行に伴い、都道府県知事の設ける閲覧所における国土交通大臣の許可を受けた建設業者に係る許可申請書等の写しの閲覧を廃止する等関係政令の規定について所要の整備等を行う必要があるからである。

10. 建設業法施行規則等の一部を改正する省令について

1. 背景

　暴力団員であること等を許可に係る欠格要件及び取消事由に追加するとともに、公共工事の入札に参加しようとする者に対し入札金額の内訳の提出を義務付ける等の所要の措置を講ずる「建設業法等の一部を改正する法律」（平成26年法律第55号。以下「改正法」という。）が平成26年6月4日に公布されたところである。

　今般、改正法の公布の日から起算して1年を超えない範囲内において施行することとされている規定の施行等のため、所要の規定を整備するとともに、建設業法施行規則（昭和24年建設省令第14号）等について所要の措置を講ずる。

2. 概要

(1) 建設業法施行規則の一部改正

　ア　許可申請書等の様式の見直し

　　改正法における役員の範囲の拡大及び閲覧制度の見直し（個人情報を閲覧の対象から除外）に伴い、並びに許可申請書等の簡素化を図るため、以下のとおり見直しを実施。

　① 改正法における役員の範囲の拡大に伴い、許可申請書の記載事項等の対象となる「役員」を「役員等」とする（取締役と同等の支配力を有する者として、相談役、顧問及び総株主の議決権の100分の5以上を有する株主等を追加。）。【第4条、様式第1号別紙1、様式第6号、第12号】

　② 改正法における閲覧制度の見直しに伴い、役員等の一覧表及び建設業法施行令第3条に定める使用人（以下「令3条の使用人」という。）の一覧表から生年月日及び住所を削除する。【様式第1号別紙1、様式第11号】

　③ 改正法における閲覧制度の見直しに伴い、役員等の一覧表に経営業務の管理責任者である者が明確になるよう欄を設ける。【様式第1号別紙1】

　④ 改正法における閲覧制度の見直しに伴い、営業所専任技術者の一覧表を許可申請書の別紙として追加する。【様式第1号別紙4（新設）】

　⑤ 許可申請書等の簡素化を図るため、役員等及び令3条の使用人の略歴書を簡素化するため、職歴欄を削除し、住所、生年月日等に関する調書とする。【第4条、様式第12号、第13号】（経営業務の管理責任者についてのみ職歴の提出を求めることとする。【様式第7号別紙（新設）】）

　⑥ 許可申請書等の簡素化を図るため、平成26年3月の財務諸表等規則の改正を受け、財

建設業法施行規則等の一部を改正する省令について

務諸表への記載を要する資産の基準（重要性基準）を総資産（又は負債及び純資産の合計）の100分の1から100分の5に改正する。【様式第15号記載要領、様式第17号の3記載要領、様式第18号記載要領】

イ　許可申請書等の閲覧対象の限定【新設】
　以下の書類について、個人情報が含まれることから、閲覧対象から除外。
　① 職歴等が含まれる経営業務管理責任者の要件を満たすことの証明書【様式第7号】
　② 学歴等が含まれる営業所専任技術者の要件を満たすことの証明書【様式第8号】
　③ 生年月日が含まれる国家資格者等・監理技術者一覧表【様式第11号の2】
　④ 住所及び生年月日が含まれる許可申請者又はその役員等及び令3条の使用人の調書（改正前の「略歴書」）【様式第12号、第13号】
　⑤ 住所等が含まれる登記事項証明書等
　⑥ 住所が含まれる株主調書【様式第14号】
　⑦ 納税額等が含まれる納税証明書

ウ　その他建設業の許可に関する事務の見直し
　① 建設業法施行令の改正により、都道府県における大臣許可業者の許可申請書等の閲覧が廃止されるため、国土交通大臣に提出すべき書類の部数について、従たる営業所のある都道府県の数分の写しは不要とし、正本及び副本各1通に限定する。【第7条】
　② 許可申請者の利便性の向上を図るため、一般建設業又は特定建設業の許可に際し必要な営業所専任技術者の要件を満たすことを証することができる書類として、監理技術者資格者証の写しを追加する。【第3条、第13条】

エ　一般建設業の営業所専任技術者（＝主任技術者）の要件の見直し【第7条の3】
　① 主任技術者の要件について、施工の実態及び業界からの要望を踏まえ見直しを行った結果、以下の改正を実施。
　　・職業能力開発促進法による技能検定のうち、型枠施工の試験に合格した者等を大工工事業の主任技術者の要件に追加する。
　　・職業能力開発促進法による技能検定のうち、建築板金（ダクト板金作業）の試験に合格した者等を管工事業の主任技術者の要件に追加する。
　② 職業能力開発促進法による技能検定のうち、コンクリート積みブロック施工、スレート施工及びれんが積みの廃止に伴い、主任技術者の要件から削除する。

オ　施工体制台帳の記載事項等の見直し【第14条の2、第14条の4】
　① 改正法により公共工事について施工体制台帳の作成範囲が拡大し、一般建設業者も作成主体となることに伴い、施工体制台帳の記載事項として、元請である建設業者が置く主任技術者の氏名等を追加する。
　② 建設分野における外国人材の活用を図るための緊急措置の導入に伴い、施工体制台帳の記載事項及び再下請通知を行うべき事項として、外国人建設就労者の従事の有無及び外国人技能実習生の従事の有無を追加する。

カ　経営事項審査の客観的事項の見直し【第18条の3】
　公共工事の品質確保の促進に関する法律の改正により、発注者が、若年の技術者、技能

労働者等の育成及び確保の状況を審査・評価するよう努めることとされたことに伴い、<u>経営事項審査の客観的事項に「若年の技術者及び技能労働者の育成及び確保の状況」を追加</u>する。

キ　建設業者団体の届出制度の見直し【第23条】

　　改正法において国が建設業者団体の担い手の育成及び確保に関する取組の状況について把握するよう努めるとともに、当該取組が促進されるよう必要な措置を講ずることとされたことを踏まえ、<u>建設業者団体は、建設工事の担い手の育成及び確保その他の施工技術の確保に関する取組を実施している場合には、当該取組の内容を国土交通大臣に届け出ることができることとし、国土交通大臣は当該取組が促進されるよう必要な措置を講ずるもの</u>とする。

(2)　浄化槽工事業に係る登録等に関する省令の一部改正

① 　改正法の施行に伴い、登録申請書の記載事項等の対象となる「役員」の定義を拡大する。【第3条、様式第1号、第3号】

② 　役員の略歴書を簡素化するため、職歴欄を削除し、「住所、生年月日等に関する調書」とする。【様式第3号、第4号】

(3)　解体工事業に係る登録等に関する省令の一部改正

① 　改正法の施行に伴い、登録申請書の記載事項等の対象となる「役員」の定義を拡大する。【第4条、様式第1号、第4号】

② 　役員の略歴書を簡素化するため、略歴欄を削除し、「住所、生年月日等に関する調書」とする。【様式第4号】

3．今後のスケジュール

公　　　布　　平成26年10月31日
施　　　行　　平成27年4月1日

11. 建設業法施行規則等の一部を改正する省令新旧対照条文

○建設業法施行規則（昭和24年建設省令第14号）（抄）

（下線の部分は改正部分）

改　正　後	改　正　前
（法第6条第1項第5号の書面） 第3条　（略） 2　法第6条第1項第5号の書面のうち法第7条第2号に掲げる基準を満たしていることを証する書面は、別記様式第8号による証明書<u>並びに第1号及び第2号又は第2号から第4号までのいずれかに掲げる書面</u>その他当該事項を証するに足りる書面とする。 一～三　（略） <u>四　監理技術者資格者証の写し</u> 3　許可の更新を申請する者は、前項の規定にかかわらず、法第7条第2号に掲げる基準を満たしていることを証する書面の提出を省略することができる。 （法第6条第1項第6号の書類） 第4条　（略） 一・二　（略） 三　別記様式第12号による許可申請者（法人である場合においてはその<u>役員等</u>をいい、営業に関し成年者と同一の行為能力を有しない未成年者である場合においてはその法定代理人（法人である場合にお	（法第6条第1項第5号の書面） 第3条　（略） 2　法第6条第1項第5号の書面のうち法第7条第2号に掲げる基準を満たしていることを証する書面は、別記様式第8号による証明書<u>及び第1号、第2号又は第3号に掲げる証明書</u>その他当該事項を証するに足りる書面とする。 一～三　（略） （新設） 3　許可の更新を申請する者は、前項の規定にかかわらず、法第7条第2号に掲げる基準を満たしていることを証する書面<u>のうち別記様式第8号による証明書以外の書面</u>の提出を省略することができる。 （法第6条第1項第6号の書類） 第4条　（略） 一・二　（略） 三　別記様式第12号による許可申請者（法人である場合においてはその<u>役員</u>をいい、営業に関し成年者と同一の行為能力を有しない未成年者である場合においてはその法定代理人（法人である場合にお

建設業法施行規則等の一部を改正する省令新旧対照条文

改　正　後	改　正　前
いては、その<u>役員等</u>）を含む。<u>次号において同じ。</u>）<u>の住所、生年月日等に関する調書</u> 四　別記様式第13号による令第3条に規定する使用人（当該使用人に許可申請者が含まれる場合には、当該許可申請者を除く。）<u>の住所、生年月日等に関する調書</u> 五　許可申請者<u>（法人である場合においてはその役員並びに相談役及び顧問をいい、営業に関し成年者と同一の行為能力を有しない未成年者である場合においてはその法定代理人（法人である場合においては、その役員）を含む。次号において同じ。）</u>及び令第3条に規定する使用人が、成年被後見人及び被保佐人に該当しない旨の登記事項証明書（後見登記等に関する法律（平成11年法律第152号）第10条第1項に規定する登記事項証明書をいう。） 六～十八　（略） 2・3　（略）	いては、その<u>役員</u>）を含む。<u>以下この条において同じ。</u>）<u>の略歴書</u> 四　別記様式第13号による令第3条に規定する使用人（当該使用人に許可申請者が含まれる場合には、当該許可申請者を除く。）<u>の略歴書</u> 五　許可申請者及び令第3条に規定する使用人が、成年被後見人及び被保佐人に該当しない旨の登記事項証明書（後見登記等に関する法律（平成11年法律第152号）第10条第1項に規定する登記事項証明書をいう。） 六～十八　（略） 2・3　（略）
（提出すべき書類の部数） 第7条　（略） 一　国土交通大臣の許可を受けようとする者にあつては、正本<u>及び副本各1通</u> 二　（略）	（提出すべき書類の部数） 第7条　（略） 一　国土交通大臣の許可を受けようとする者にあつては、正本<u>1通及び営業所のある都道府県の数と同一部数のその写し</u> 二　（略）
（法第7条第2号ハの知識及び技術又は技能を有するものと認められる者） 第7条の3　（略） 一・二　（略）	（法第7条第2号ハの知識及び技術又は技能を有するものと認められる者） 第7条の3　（略） 一・二　（略）
（略）｜（略） 大工工事業｜一・二　（略）	（略）｜（略） 大工工事業｜一・二　（略）

建設業法施行規則等の一部を改正する省令新旧対照条文

改正後		改正前	
	三　職業能力開発促進法（昭和44年法律第64号）第44条第１項の規定による技能検定のうち検定職種を１級の建築大工若しくは型枠施工とするものに合格した者又は検定職種を２級の建築大工若しくは型枠施工とするものに合格した後大工工事に関し３年以上実務の経験を有する者 四・五　（略）		三　職業能力開発促進法（昭和44年法律第64号）第44条第１項の規定による技能検定のうち検定職種を１級の建築大工とするものに合格した者又は検定職種を２級の建築大工とするものに合格した後大工工事に関し３年以上実務の経験を有する者 四・五　（略）
（略）	（略）	（略）	（略）
石工事業	一　（略） 二　職業能力開発促進法第44条第１項の規定による技能検定のうち検定職種を１級のブロック建築若しくは石材施工とするものに合格した者又は検定職種を２級のブロック建築若しくは石材施工とするものに合格した後石工事に関し３年以上実務の経験を有する者	石工事業	一　（略） 二　職業能力開発促進法第44条第１項の規定による技能検定のうち検定職種を１級のブロック建築若しくは石材施工とするものに合格した者若しくは検定職種をコンクリート積みブロック施工とするものに合格した者又は検定職種を２級のブロック建築若しくは石材施工とするものに合格した後石工事に関し３年以上実務の経験を有する者
屋根工事業	一・二　（略） 三　職業能力開発促進法	屋根工事業	一・二　（略） 三　職業能力開発促進法

建設業法施行規則等の一部を改正する省令新旧対照条文

改　正　後	改　正　前
第44条第1項の規定による技能検定のうち検定職種を1級の建築板金若しくはかわらぶきとするものに合格した者又は検定職種を2級の建築板金若しくはかわらぶきとするものに合格した後屋根工事に関し3年以上実務の経験を有する者 　四　（略）	第44条第1項の規定による技能検定のうち検定職種を1級の建築板金、かわらぶき若しくはスレート施工とするものに合格した者又は検定職種を2級の建築板金、かわらぶき若しくはスレート施工とするものに合格した後屋根工事に関し3年以上実務の経験を有する者 　四　（略）
（略）	（略）	（略）	（略）

	改正後		改正前
管工事業	一・二　（略） 　三　職業能力開発促進法第44条第1項の規定による技能検定のうち検定職種を1級の建築板金（選択科目を「ダクト板金作業」とするものに限る。以下この欄において同じ。）、冷凍空気調和機器施工若しくは配管（選択科目を「建築配管作業」とするものに限る。以下同じ。）とするものに合格した者又は検定職種を2級の建築板金、冷凍空気調和機器施工若しくは配管とするものに合格した後管工事に関し3年以上実務の経験を有する者	管工事業	一・二　（略） 　三　職業能力開発促進法第44条第1項の規定による技能検定のうち検定職種を1級の冷凍空気調和機器施工若しくは配管（選択科目を「建築配管作業」とするものに限る。以下同じ。）とするものに合格した者又は検定職種を2級の冷凍空気調和機器施工若しくは配管とするものに合格した後管工事に関し3年以上実務の経験を有する者

建設業法施行規則等の一部を改正する省令新旧対照条文

改正後		改正前	
	四〜六　（略）		四〜六　（略）
タイル・れんが・ブロック工事業	一・二　（略） 三　職業能力開発促進法第44条第１項の規定による技能検定のうち検定職種を１級のタイル張り、築炉若しくはブロック建築とするものに合格した者又は検定職種を２級のタイル張り、築炉若しくはブロック建築とするものに合格した後タイル・れんが・ブロック工事に関し３年以上実務の経験を有する者	タイル・れんが・ブロック工事業	一・二　（略） 三　職業能力開発促進法第44条第１項の規定による技能検定のうち検定職種を１級のタイル張り、築炉若しくはブロック建築とするものに合格した者<u>若しくは検定職種をれんが積み若しくはコンクリート積みブロック施工とするものに合格した者</u>又は検定職種を２級のタイル張り、築炉若しくはブロック建築とするものに合格した後タイル・れんが・ブロック工事に関し３年以上実務の経験を有する者
（略）	（略）	（略）	（略）

（法第11条第１項の変更の届出）　　　　　　　　　　（法第11条第１項の変更の届出）
第9条　（略）　　　　　　　　　　　　　　　　　　**第9条**　（略）
　2　（略）　　　　　　　　　　　　　　　　　　　　　2　（略）
　　一　（略）　　　　　　　　　　　　　　　　　　　　一　（略）
　　二　法第５条第２号に掲げる事項のうち営業所の新設に係る変更　当該営業所に係る法第６条第１項第４号及び第５号の書面

　　二　法第５条第２号に掲げる事項のうち営業所の新設に係る変更　当該営業所に係る法第６条第１項第４号及び第５号の書面<u>並びに許可申請書、変更届出書及びこれらの添付書類の写し</u>

　　三　法第５条第３号に掲げる事項のうち<u>役員等</u>の新任に係る変更及び同条第４号に掲げる事項のうち支配人の新任に係る変更　当該<u>役員等</u>又は支配人に係る法第６

　　三　法第５条第３号に掲げる事項のうち<u>役員</u>の新任に係る変更及び同条第４号に掲げる事項のうち支配人の新任に係る変更　当該<u>役員</u>又は支配人に係る法第６条第

建設業法施行規則等の一部を改正する省令新旧対照条文

改　正　後	改　正　前
条第1項第4号の書面及び第4条第3号又は第4号から第6号までに掲げる書面 （届出書の部数） 第12条　法第11条又は第7条の2若しくは第8条の規定により提出すべき届出書及びその添付書類の部数については、第7条の規定を準用する。 （閲覧に供する書類） 第12条の2　法第13条第6号の国土交通省令で定める書類は、次に掲げるものとする。 　一　第4条第1項第1号、第7号、第9号、第10号、第13号、第14号、第17号及び第18号に掲げる書類 　二　第9条第2項第2号及び第3号に掲げる法第6条第1項第4号の書面 　三　第10条第1項第1号及び第2号に掲げる書類 （特定建設業についての準用） 第13条　前各条（第3条第2項及び第3項を除く。）の規定は、特定建設業の許可及び特定建設業者について準用する。この場合において、第4条第1項第2号中「に該当する者、法第15条第2号イに該当する者及び同号ハの規定により国土交通大臣が同号イに掲げる者と同等以上の能力を有するものと認定した者の一覧表」とあるのは「又は法第15条第2号イ、ロ若しくはハに該当する者の一覧表並びに当該一覧表に記載された同号ロに該当する者に係る第3条第2項第1号若しくは第2号に掲げる証明書及	1項第4号の書面及び第4条第3号又は第4号から第6号までに掲げる書面 （届出書の部数） 第12条　法第11条又は第7条の2若しくは第8条の規定により提出すべき届出書及びその添付書類の部数については、第7条の規定を準用する。ただし、第9条第2項第2号に掲げる書類のうち許可申請書、変更届出書及びこれらの添付書類の写しの部数は、当該新設に係る営業所の数とする。 （新設） （特定建設業についての準用） 第13条　前各条（第3条第2項及び第3項を除く。）の規定は、特定建設業の許可及び特定建設業者について準用する。この場合において、第4条第1項第2号中「に該当する者、法第15条第2号イに該当する者及び同号ハの規定により国土交通大臣が同号イに掲げる者と同等以上の能力を有するものと認定した者の一覧表」とあるのは「又は法第15条第2号イ、ロ若しくはハに該当する者の一覧表並びに当該一覧表に記載された同号ロに該当する者に係る第3条第2項第1号又は第2号に掲げる証明書及び指

建設業法施行規則等の一部を改正する省令新旧対照条文

改 正 後	改 正 前
び指導監督的な実務の経験を証する別記様式第10号による使用者の証明書<u>又は監理技術者資格者証の写し</u>」と、同条第2項中「一般建設業の許可」とあるのは「特定建設業の許可」と、「特定建設業の許可」とあるのは「一般建設業の許可」と、「書類」とあるのは「書類（一般建設業の許可のみを受けている者が特定建設業の許可を申請する場合にあつては、法第15条第2号ロに該当する者及び同号ハの規定により国土交通大臣が同号ロに掲げる者と同等以上の能力を有するものと認定した者に係る前項第2号に掲げる書類を除く。）」と、第7条の2第1項中「同条第2号イ、ロ若しくはハ」とあるのは「第15条第2号イ、ロ若しくはハ」と読み替えるものとする。 2　法第17条において準用する法第6条第1項第5号の書面のうち、法第15条第2号に掲げる基準を満たしていることを証する書面は、<u>次の各号に掲げるいずれかの書面</u>（指定建設業の許可を受けようとする者にあつては、<u>第1号、第3号又は第4号に掲げる書面</u>）その他当該事項を証するに足りる書面とする。 一～三　（略） <u>四　監理技術者資格者証の写し</u> 3　（略） （施工体制台帳の記載事項等） 第14条の2　（略） 一　<u>作成建設業者</u>（法第24条の7第1項の規定<u>（公共工事の入札及び契約の適正化の促進に関する法律（平成12年法律第127号。次項第1号において「入札契約適正化法」という。）第15条第1項の規定により読み替えて適用される場合を含</u>	導監督的な実務の経験を証する別記様式第10号による使用者の証明書」と、同条第2項中「一般建設業の許可」とあるのは「特定建設業の許可」と、「特定建設業の許可」とあるのは「一般建設業の許可」と、「書類」とあるのは「書類（一般建設業の許可のみを受けている者が特定建設業の許可を申請する場合にあつては、法第15条第2号ロに該当する者及び同号ハの規定により国土交通大臣が同号ロに掲げる者と同等以上の能力を有するものと認定した者に係る前項第2号に掲げる書類を除く。）」と、第7条の2第1項中「同条第2号イ、ロ若しくはハ」とあるのは「第15条第2号イ、ロ若しくはハ」と読み替えるものとする。 2　法第17条において準用する法第6条第1項第5号の書面のうち、法第15条第2号に掲げる基準を満たしていることを証する書面は、<u>第1号、第2号又は第3号に掲げる証明書</u>（指定建設業の許可を受けようとする者にあつては、<u>第1号又は第3号に掲げる証明書</u>）その他当該事項を証するに足りる書面とする。 一～三　（略） （新設） 3　（略） （施工体制台帳の記載事項等） 第14条の2　（略） 一　<u>作成特定建設業者</u>（法第24条の7第1項の規定により施工体制台帳を作成する場合における<u>当該特定建設業者</u>をいう。以下同じ。）に関する次に掲げる事項

— 138 —

建設業法施行規則等の一部を改正する省令新旧対照条文

改　正　後	改　正　前
む。）により施工体制台帳を作成する場合における当該建設業者をいう。以下同じ。）に関する次に掲げる事項 イ・ロ　（略） ニ　作成建設業者が請け負つた建設工事に関する次に掲げる事項 イ〜ハ　（略） ニ　作成建設業者が現場代理人を置くときは、当該現場代理人の氏名及び法第19条の２第１項に規定する通知事項 ホ　主任技術者又は監理技術者の氏名、その者が有する主任技術者資格（建設業の種類に応じ、法第７条第２号イ若しくはロに規定する実務の経験若しくは学科の修得又は同号ハの規定による国土交通大臣の認定があることをいう。以下同じ。）又は監理技術者資格及びその者が専任の主任技術者又は監理技術者であるか否かの別 ヘ　法第26条の２第１項又は第２項の規定により建設工事の施工の技術上の管理をつかさどる者でホの主任技術者又は監理技術者以外のものを置くときは、その者の氏名、その者が管理をつかさどる建設工事の内容及びその有する主任技術者資格 ト　出入国管理及び難民認定法（昭和26年政令第319号）別表第１の２の表の技能実習の在留資格を決定された者（第４号チにおいて「外国人技能実習生」という。）及び同法別表第１の５	イ・ロ　（略） ニ　作成特定建設業者が請け負つた建設工事に関する次に掲げる事項 イ〜ハ　（略） ニ　作成特定建設業者が現場代理人を置くときは、当該現場代理人の氏名及び法第19条の２第１項に規定する通知事項 ホ　監理技術者の氏名、その者が有する監理技術者資格及びその者が専任の監理技術者であるか否かの別 ヘ　法第26条の２第１項又は第２項の規定により建設工事の施工の技術上の管理をつかさどる者でホの監理技術者以外のものを置くときは、その者の氏名、その者が管理をつかさどる建設工事の内容及びその有する主任技術者資格（建設業の種類に応じ、法第７条第２号イ若しくはロに規定する実務の経験若しくは学科の修得又は同号ハの規定による国土交通大臣の認定があることをいう。以下同じ。） （新設）

建設業法施行規則等の一部を改正する省令新旧対照条文

改　正　後	改　正　前
の表の上欄の在留資格を決定された者であつて、国土交通大臣が定めるもの（第4号チにおいて「外国人建設就労者」という。）の従事の状況 三　（略） 四　（略） 　イ〜ヘ　（略） 　ト　当該建設工事が作成建設業者の請け負わせたものであるときは当該建設工事について請負契約を締結した作成建設業者の営業所の名称及び所在地 　チ　外国人技能実習生及び外国人建設就労者の従事の状況 2　（略） 　一　前項第2号ロの請負契約及び同項第4号ロの下請契約に係る法第19条第1項及び第2項の規定による書面の写し（作成建設業者が注文者となつた下請契約以外の下請契約であつて、公共工事（入札契約適正化法第2条第2項に規定する公共工事をいう。第14条の4第3項において同じ。）以外の建設工事について締結されるものに係るものにあつては、請負代金の額に係る部分を除く。） 　二　前項第2号ホの主任技術者又は監理技術者が主任技術者資格又は監理技術者資格を有することを証する書面（当該監理技術者が法第26条第4項の規定により選任しなければならない者であるときは、監理技術者資格者証の写しに限る。）及び当該主任技術者又は監理技術者が作成建設業者に雇用期間を特に限定することなく雇用されていることを証す	三　（略） 四　（略） 　イ〜ヘ　（略） 　ト　当該建設工事が作成特定建設業者の請け負わせたものであるときは、当該建設工事について請負契約を締結した作成特定建設業者の営業所の名称及び所在地 （新設） 2　（略） 　一　前項第2号ロの請負契約及び同項第4号ロの下請契約に係る法第19条第1項及び第2項の規定による書面の写し（作成特定建設業者が注文者となつた下請契約以外の下請契約であつて、公共工事（公共工事の入札及び契約の適正化の促進に関する法律（平成12年法律第127号）第2条第2項に規定する公共工事をいう。第14条の4第3項において同じ。）以外の建設工事について締結されるものに係るものにあつては、請負代金の額に係る部分を除く。） 　二　前項第2号ホの監理技術者が監理技術者資格を有することを証する書面（当該監理技術者が法第26条第4項の規定により選任しなければならない者であるときは、監理技術者資格者証の写しに限る。）及び当該監理技術者が作成特定建設業者に雇用期間を特に限定することなく雇用されている者であることを証する書面又はこれらの写し

建設業法施行規則等の一部を改正する省令新旧対照条文

改　正　後	改　正　前
る書面又はこれらの写し 三　前項第2号ヘに規定する者を置くときは、その者が主任技術者資格を有することを証する書面及びその者が<u>作成建設業者</u>に雇用期間を特に限定することなく雇用されている者であることを証する書面又はこれらの写し 3・4　（略） （下請負人に対する通知等） 第14条の3　<u>建設業者は</u>、作成建設業者に該当することとなつたときは、遅滞なく、その請け負つた建設工事を請け負わせた下請負人に対し次に掲げる事項を書面により通知するとともに、当該事項を記載した書面を当該工事現場の見やすい場所に掲げなければならない。 一　<u>作成建設業者</u>の商号又は名称 二　（略） 2　<u>建設業者は</u>、前項の規定による書面による通知に代えて、第5項で定めるところにより、当該下請負人の承諾を得て、前項各号に掲げる事項を電子情報処理組織を使用する方法その他の情報通信の技術を利用する方法であつて次に掲げるもの（以下この条において「電磁的方法」という。）により通知することができる。この場合において、当該<u>建設業者</u>は、当該書面による通知をしたものとみなす。 一　（略） 　イ　<u>建設業者</u>の使用に係る電子計算機と下請負人の使用に係る電子計算機とを接続する電気通信回線を通じて送信し、受信者の使用に係る電子計算機に備えられたファイルに記録する方法 　ロ　<u>建設業者</u>の使用に係る電子計算機に	三　前項第2号ヘに規定する者を置くときは、その者が主任技術者資格を有することを証する書面及びその者が<u>作成特定建設業者</u>に雇用期間を特に限定することなく雇用されている者であることを証する書面又はこれらの写し 3・4　（略） （下請負人に対する通知等） 第14条の3　<u>特定建設業者は</u>、作成特定建設業者に該当することとなつたときは、遅滞なく、その請け負つた建設工事を請け負わせた下請負人に対し次に掲げる事項を書面により通知するとともに、当該事項を記載した書面を当該工事現場の見やすい場所に掲げなければならない。 一　<u>作成特定建設業者</u>の商号又は名称 二　（略） 2　<u>特定建設業者は</u>、前項の規定による書面による通知に代えて、第5項で定めるところにより、当該下請負人の承諾を得て、前項各号に掲げる事項を電子情報処理組織を使用する方法その他の情報通信の技術を利用する方法であつて次に掲げるもの（以下この条において「電磁的方法」という。）により通知することができる。この場合において、当該<u>特定建設業者</u>は、当該書面による通知をしたものとみなす。 一　（略） 　イ　<u>特定建設業者</u>の使用に係る電子計算機と下請負人の使用に係る電子計算機とを接続する電気通信回線を通じて送信し、受信者の使用に係る電子計算機に備えられたファイルに記録する方法 　ロ　<u>特定建設業者</u>の使用に係る電子計算

改正後	改正前
備えられたファイルに記録された前項各号に掲げる事項を電気通信回線を通じて下請負人の閲覧に供し、当該下請負人の使用に係る電子計算機に備えられたファイルに当該事項を記録する方法（電磁的方法による通知を受ける旨の承諾又は受けない旨の申出をする場合にあつては、<u>建設業者</u>の使用に係る電子計算機に備えられたファイルにその旨を記録する方法） 二　（略） 3　（略） 4　第2項第1号の「電子情報処理組織」とは、<u>建設業者</u>の使用に係る電子計算機と、下請負人の使用に係る電子計算機とを電気通信回線で接続した電子情報処理組織をいう。 5　<u>建設業者</u>は、第2項の規定により第1項各号に掲げる事項を通知しようとするときは、あらかじめ、当該下請負人に対し、その用いる次に掲げる電磁的方法の種類及び内容を示し、書面又は電磁的方法による承諾を得なければならない。 一　第2項各号に規定する方法のうち<u>建設業者</u>が使用するもの 二　（略） 6　前項の規定による承諾を得た<u>建設業者</u>は、当該下請負人から書面又は電磁的方法により電磁的方法による通知を受けない旨の申出があつたときは、当該下請負人に対し、第1項各号に掲げる事項の通知を電磁的方法によつてしてはならない。ただし、当該下請負人が再び前項の規定による承諾をした場合は、この限りでない。 （再下請負通知を行うべき事項等）	機に備えられたファイルに記録された前項各号に掲げる事項を電気通信回線を通じて下請負人の閲覧に供し、当該下請負人の使用に係る電子計算機に備えられたファイルに当該事項を記録する方法（電磁的方法による通知を受ける旨の承諾又は受けない旨の申出をする場合にあつては、<u>特定建設業者</u>の使用に係る電子計算機に備えられたファイルにその旨を記録する方法） 二　（略） 3　（略） 4　第2項第1号の「電子情報処理組織」とは、<u>特定建設業者</u>の使用に係る電子計算機と、下請負人の使用に係る電子計算機とを電気通信回線で接続した電子情報処理組織をいう。 5　<u>特定建設業者</u>は、第2項の規定により第1項各号に掲げる事項を通知しようとするときは、あらかじめ、当該下請負人に対し、その用いる次に掲げる電磁的方法の種類及び内容を示し、書面又は電磁的方法による承諾を得なければならない。 一　第2項各号に規定する方法のうち<u>特定建設業者</u>が使用するもの 二　（略） 6　前項の規定による承諾を得た<u>特定建設業者</u>は、当該下請負人から書面又は電磁的方法により電磁的方法による通知を受けない旨の申出があつたときは、当該下請負人に対し、第1項各号に掲げる事項の通知を電磁的方法によつてしてはならない。ただし、当該下請負人が再び前項の規定による承諾をした場合は、この限りでない。 （再下請負通知を行うべき事項等）

建設業法施行規則等の一部を改正する省令新旧対照条文

改　正　後	改　正　前
第14条の4　（略） 　一・二　（略） 　三　再下請負通知人が前号の建設工事を請け負わせた他の建設業を営む者に関する第14条の2第1項第3号イからハまでに掲げる事項及び当該者が請け負つた建設工事に関する同項第4号イからへまで<u>及びチ</u>に掲げる事項 2・3　（略） 4　再下請負通知人該当者は、第2項の規定による書面による通知に代えて、第7項で定めるところにより、<u>作成建設業者</u>又は第2項に規定する他の建設業を営む者（以下この条において「再下請負人」という。）の承諾を得て、第1項各号に掲げる事項又は前条第1項各号に掲げる事項を電子情報処理組織を使用する方法その他の情報通信の技術を利用する方法であつて次に掲げるもの（以下この条において「電磁的方法」という。）により通知することができる。この場合において、当該再下請負通知人該当者は、当該書面による通知をしたものとみなす。 　一　（略） 　　イ　再下請負通知人該当者の使用に係る電子計算機と<u>作成建設業者</u>又は再下請負人の使用に係る電子計算機とを接続する電気通信回線を通じて送信し、受信者の使用に係る電子計算機に備えられたファイルに記録する方法 　　ロ　再下請負通知人該当者の使用に係る電子計算機に備えられたファイルに記録された第1項各号に掲げる事項又は前条第1項各号に掲げる事項を電気通信回線を通じて<u>作成建設業者</u>又は再下請負人の閲覧に供し、当該<u>作成建設業</u>	第14条の4　（略） 　一・二　（略） 　三　再下請負通知人が前号の建設工事を請け負わせた他の建設業を営む者に関する第14条の2第1項第3号イからハまでに掲げる事項及び当該者が請け負つた建設工事に関する同項第4号イからへまでに掲げる事項 2・3　（略） 4　再下請負通知人該当者は、第2項の規定による書面による通知に代えて、第7項で定めるところにより、<u>作成特定建設業者</u>又は第2項に規定する他の建設業を営む者（以下この条において「再下請負人」という。）の承諾を得て、第1項各号に掲げる事項又は前条第1項各号に掲げる事項を電子情報処理組織を使用する方法その他の情報通信の技術を利用する方法であつて次に掲げるもの（以下この条において「電磁的方法」という。）により通知することができる。この場合において、当該再下請負通知人該当者は、当該書面による通知をしたものとみなす。 　一　（略） 　　イ　再下請負通知人該当者の使用に係る電子計算機と<u>作成特定建設業者</u>又は再下請負人の使用に係る電子計算機とを接続する電気通信回線を通じて送信し、受信者の使用に係る電子計算機に備えられたファイルに記録する方法 　　ロ　再下請負通知人該当者の使用に係る電子計算機に備えられたファイルに記録された第1項各号に掲げる事項又は前条第1項各号に掲げる事項を電気通信回線を通じて<u>作成特定建設業者</u>又は再下請負人の閲覧に供し、当該<u>作成特</u>

建設業法施行規則等の一部を改正する省令新旧対照条文

改正後	改正前
者又は当該再下請負人の使用に係る電子計算機に備えられたファイルに当該事項を記録する方法（電磁的方法による通知を受ける旨の承諾又は受けない旨の申出をする場合にあつては、再下請負通知人該当者の使用に係る電子計算機に備えられたファイルにその旨を記録する方法） 　二　（略） 5　前項に掲げる方法は、<u>作成建設業者</u>又は再下請負人がファイルへの記録を出力することによる書面を作成することができるものでなければならない。 6　第4項第1号の「電子情報処理組織」とは、再下請負通知人該当者の使用に係る電子計算機と、<u>作成建設業者</u>又は再下請負人の使用に係る電子計算機とを電気通信回線で接続した電子情報処理組織をいう。 7　再下請負通知人該当者は、第4項の規定により第1項各号に掲げる事項又は前条第1項各号に掲げる事項を通知しようとするときは、あらかじめ、当該<u>作成建設業者</u>又は当該再下請負人に対し、その用いる次に掲げる電磁的方法の種類及び内容を示し、書面又は電磁的方法による承諾を得なければならない。 　一・二　（略） 8　前項の規定による承諾を得た再下請負通知人該当者は、当該<u>作成建設業者</u>又は当該再下請負人から書面又は電磁的方法により電磁的方法による通知を受けない旨の申出があつたときは、当該<u>作成建設業者</u>又は当該再下請負人に対し、第1項各号に掲げる事項又は前条第1項各号に掲げる事項の通知を電磁的方法によつてしてはならない。ただし、<u>当該作成建設業者</u>又は当該再下請	定建設業者又は当該再下請負人の使用に係る電子計算機に備えられたファイルに当該事項を記録する方法（電磁的方法による通知を受ける旨の承諾又は受けない旨の申出をする場合にあつては、再下請負通知人該当者の使用に係る電子計算機に備えられたファイルにその旨を記録する方法） 　二　（略） 5　前項に掲げる方法は、<u>作成特定建設業者</u>又は再下請負人がファイルへの記録を出力することによる書面を作成することができるものでなければならない。 6　第4項第1号の「電子情報処理組織」とは、再下請負通知人該当者の使用に係る電子計算機と、<u>作成特定建設業者</u>又は再下請負人の使用に係る電子計算機とを電気通信回線で接続した電子情報処理組織をいう。 7　再下請負通知人該当者は、第4項の規定により第1項各号に掲げる事項又は前条第1項各号に掲げる事項を通知しようとするときは、あらかじめ、当該<u>作成特定建設業者</u>又は当該再下請負人に対し、その用いる次に掲げる電磁的方法の種類及び内容を示し、書面又は電磁的方法による承諾を得なければならない。 　一・二　（略） 8　前項の規定による承諾を得た再下請負通知人該当者は、当該<u>作成特定建設業者</u>又は当該再下請負人から書面又は電磁的方法により電磁的方法による通知を受けない旨の申出があつたときは、当該<u>作成特定建設業者</u>又は当該再下請負人に対し、第1項各号に掲げる事項又は前条第1項各号に掲げる事項の通知を電磁的方法によつてしてはならない。ただし、当該<u>作成特定建設業者</u>又は

建設業法施行規則等の一部を改正する省令新旧対照条文

改　正　後	改　正　前
負人が再び前項の規定による承諾をした場合は、この限りでない。 9　（略） （施工体制台帳の記載方法等） 第14条の5　（略） 2　（略） 3　<u>作成建設業者</u>は、第14条の2第1項各号に掲げる事項の記載並びに同条第2項各号に掲げる書類及び第1項後段に規定する書類の添付を、それぞれの事項又は書類に係る事実が生じ、又は明らかとなつたとき（同条第1項第1号に掲げる事項にあつては、<u>作成建設業者</u>に該当することとなつたとき）に、遅滞なく、当該事項又は書類について行い、その見やすいところに商号又は名称、許可番号及び施工体制台帳である旨を明示して、施工体制台帳を作成しなければならない。 4　（略） 5　第1項の規定は再下請負通知書における前条第1項各号に掲げる事項の記載について、前項の規定は当該事項に変更があつたときについて準用する。この場合において、第1項中「第14条の2第2項」とあるのは「前条第3項」と、前項中「記載し、又は変更後の当該書類を添付しなければ」とあるのは「書面により<u>作成建設業者</u>に通知しなければ」と読み替えるものとする。 6　再下請負通知人は、前項において準用する第4項の規定による書面による通知に代えて、第9項で定めるところにより、<u>作成建設業者</u>の承諾を得て、前条第1項各号に掲げる事項を電子情報処理組織を使用する方法その他の情報通信の技術を利用する方法であつて次に掲げるもの（以下この条に	当該再下請負人が再び前項の規定による承諾をした場合は、この限りでない。 9　（略） （施工体制台帳の記載方法等） 第14条の5　（略） 2　（略） 3　<u>作成特定建設業者</u>は、第14条の2第1項各号に掲げる事項の記載並びに同条第2項各号に掲げる書類及び第1項後段に規定する書類の添付を、それぞれの事項又は書類に係る事実が生じ、又は明らかとなつたとき（同条第1項第1号に掲げる事項にあつては、<u>作成特定建設業者</u>に該当することとなつたとき）に、遅滞なく、当該事項又は書類について行い、その見やすいところに商号又は名称、許可番号及び施工体制台帳である旨を明示して、施工体制台帳を作成しなければならない。 4　（略） 5　第1項の規定は再下請負通知書における前条第1項各号に掲げる事項の記載について、前項の規定は当該事項に変更があつたときについて準用する。この場合において、第1項中「第14条の2第2項」とあるのは「前条第3項」と、前項中「記載し、又は変更後の当該書類を添付しなければ」とあるのは「書面により<u>作成特定建設業者</u>に通知しなければ」と読み替えるものとする。 6　再下請負通知人は、前項において準用する第4項の規定による書面による通知に代えて、第9項で定めるところにより、<u>作成特定建設業者</u>の承諾を得て、前条第1項各号に掲げる事項を電子情報処理組織を使用する方法その他の情報通信の技術を利用する方法であつて次に掲げるもの（以下この

改正後	改正前
おいて「電磁的方法」という。）により通知することができる。この場合において、当該再下請負通知人は、当該書面による通知をしたものとみなす。 一　電子情報処理組織を使用する方法のうちイ又はロに掲げるもの 　イ　再下請負通知人の使用に係る電子計算機と<u>作成建設業者</u>の使用に係る電子計算機とを接続する電気通信回線を通じて送信し、受信者の使用に係る電子計算機に備えられたファイルに記録する方法 　ロ　再下請負通知人の使用に係る電子計算機に備えられたファイルに記録された前条第1項各号に掲げる事項を電気通信回線を通じて<u>作成建設業者</u>の閲覧に供し、当該<u>作成建設業者</u>の使用に係る電子計算機に備えられたファイルに同項各号に掲げる事項を記録する方法（電磁的方法による通知を受ける旨の承諾又は受けない旨の申出をする場合にあつては、再下請負通知人の使用に係る電子計算機に備えられたファイルにその旨を記録する方法） 二　（略） 7　前項に掲げる方法は、<u>作成建設業者</u>がファイルへの記録を出力することによる書面を作成することができるものでなければならない。 8　第6項第1号の「電子情報処理組織」とは、再下請負通知人の使用に係る電子計算機と、<u>作成建設業者</u>の使用に係る電子計算機とを電気通信回線で接続した電子情報処理組織をいう。 9　再下請負通知人は、第6項の規定により前条第1項各号に掲げる事項を通知しよう	条において「電磁的方法」という。）により通知することができる。この場合において、当該再下請負通知人は、当該書面による通知をしたものとみなす。 一　電子情報処理組織を使用する方法のうちイ又はロに掲げるもの 　イ　再下請負通知人の使用に係る電子計算機と<u>作成特定建設業者</u>の使用に係る電子計算機とを接続する電気通信回線を通じて送信し、受信者の使用に係る電子計算機に備えられたファイルに記録する方法 　ロ　再下請負通知人の使用に係る電子計算機に備えられたファイルに記録された前条第1項各号に掲げる事項を電気通信回線を通じて<u>作成特定建設業者</u>の閲覧に供し、当該<u>作成特定建設業者</u>の使用に係る電子計算機に備えられたファイルに同項各号に掲げる事項を記録する方法（電磁的方法による通知を受ける旨の承諾又は受けない旨の申出をする場合にあつては、再下請負通知人の使用に係る電子計算機に備えられたファイルにその旨を記録する方法） 二　（略） 7　前項に掲げる方法は、<u>作成特定建設業者</u>がファイルへの記録を出力することによる書面を作成することができるものでなければならない。 8　第6項第1号の「電子情報処理組織」とは、再下請負通知人の使用に係る電子計算機と、<u>作成特定建設業者</u>の使用に係る電子計算機とを電気通信回線で接続した電子情報処理組織をいう。 9　再下請負通知人は、第6項の規定により前条第1項各号に掲げる事項を通知しよう

建設業法施行規則等の一部を改正する省令新旧対照条文

改　正　後	改　正　前
とするときは、あらかじめ、当該作成建設業者に対し、その用いる次に掲げる電磁的方法の種類及び内容を示し、書面又は電磁的方法による承諾を得なければならない。 　一・二　（略） 10　前項の規定による承諾を得た再下請負通知人は、当該作成建設業者から書面又は電磁的方法により電磁的方法による通知を受けない旨の申出があつたときは、当該作成建設業者に対し、前条第1項各号に掲げる事項の通知を電磁的方法によつてしてはならない。ただし、当該作成建設業者が再び前項の規定による承諾をした場合は、この限りでない。 （施工体系図） **第14条の6**　（略） 　一　作成建設業者の商号又は名称、作成建設業者が請け負つた建設工事の名称、工期及び発注者の商号、名称又は氏名、当該作成建設業者が置く主任技術者又は監理技術者の氏名並びに第14条の2第1項第2号ヘに規定する者を置くときは、その者の氏名及びその者が管理をつかさどる建設工事の内容 　二　（略） （令第27条の13の法人） **第18条**　令第27条の13の国土交通省令で定める法人は、公益財団法人JKA、公害健康被害補償予防協会、首都高速道路株式会社、消防団員等公務災害補償等共済基金、新関西国際空港株式会社、地方競馬全国協会、東京地下鉄株式会社、東京湾横断道路の建設に関する特別措置法（昭和61年法律第45	とするときは、あらかじめ、当該作成特定建設業者に対し、その用いる次に掲げる電磁的方法の種類及び内容を示し、書面又は電磁的方法による承諾を得なければならない。 　一・二　（略） 10　前項の規定による承諾を得た再下請負通知人は、当該作成特定建設業者から書面又は電磁的方法により電磁的方法による通知を受けない旨の申出があつたときは、当該作成特定建設業者に対し、前条第1項各号に掲げる事項の通知を電磁的方法によつてしてはならない。ただし、当該作成特定建設業者が再び前項の規定による承諾をした場合は、この限りでない。 （施工体系図） 第14条の6　（略） 　一　作成特定建設業者の商号又は名称、作成特定建設業者が請け負つた建設工事の名称、工期及び発注者の商号、名称又は氏名、監理技術者の氏名並びに第14条の2第1項第2号ヘに規定する者を置くときは、その者の氏名及びその者が管理をつかさどる建設工事の内容 　二　（略） （令第27条の13の法人） 第18条　令第27条の13の国土交通省令で定める法人は、公害健康被害補償予防協会、首都高速道路株式会社、消防団員等公務災害補償等共済基金、新関西国際空港株式会社、地方競馬全国協会、東京地下鉄株式会社、東京湾横断道路の建設に関する特別措置法（昭和61年法律第45号）第2条第1項

建設業法施行規則等の一部を改正する省令新旧対照条文

改　正　後	改　正　前
号）第２条第１項に規定する東京湾横断道路建設事業者、独立行政法人科学技術振興機構、独立行政法人勤労者退職金共済機構、独立行政法人新エネルギー・産業技術総合開発機構、独立行政法人中小企業基盤整備機構、独立行政法人日本原子力研究開発機構、独立行政法人農業者年金基金、独立行政法人理化学研究所、中日本高速道路株式会社、成田国際空港株式会社、西日本高速道路株式会社、日本環境安全事業株式会社、日本私立学校振興・共済事業団、日本たばこ産業株式会社、日本電信電話株式会社等に関する法律（昭和59年法律第85号）第１条第１項に規定する会社及び同条第２項に規定する地域会社、農林漁業団体職員共済組合、阪神高速道路株式会社、東日本高速道路株式会社、本州四国連絡高速道路株式会社並びに、旅客鉄道株式会社及び日本貨物鉄道株式会社に関する法律（昭和61年法律第88号）第１条第３項に規定する会社とする。	に規定する東京湾横断道路建設事業者、独立行政法人科学技術振興機構、独立行政法人勤労者退職金共済機構、独立行政法人新エネルギー・産業技術総合開発機構、独立行政法人中小企業基盤整備機構、独立行政法人日本原子力研究開発機構、独立行政法人農業者年金基金、独立行政法人理化学研究所、中日本高速道路株式会社、成田国際空港株式会社、西日本高速道路株式会社、日本環境安全事業株式会社、<u>日本小型自動車振興会、日本自転車振興会、</u>日本私立学校振興・共済事業団、日本たばこ産業株式会社、日本電信電話株式会社等に関する法律（昭和59年法律第85号）第１条第１項に規定する会社及び同条第２項に規定する地域会社、農林漁業団体職員共済組合、阪神高速道路株式会社、東日本高速道路株式会社、本州四国連絡高速道路株式会社並びに、旅客鉄道株式会社及び日本貨物鉄道株式会社に関する法律（昭和61年法律第88号）第１条第３項に規定する会社とする。
（経営事項審査の客観的事項） 第18条の３　　（略） 　一～八　（略） 　<u>九　若年の技術者及び技能労働者の育成及び確保の状況</u> ２・３　（略）	（経営事項審査の客観的事項） 第18条の３　　（略） 　一～八　（略） 　（新設） ２・３　（略）
（登録の申請） 第18条の４　　（略） ２　<u>第18条の３第３項第２号ロ</u>の登録を受けようとする者（以下「登録経理試験事務申請者」という。）は、次に掲げる事項を記載した申請書を国土交通大臣に提出しなければならない。	（登録の申請） 第18条の４　　（略） ２　<u>前条第２項第２号</u>の登録を受けようとする者（以下「登録経理試験事務申請者」という。）は、次に掲げる事項を記載した申請書を国土交通大臣に提出しなければならない。

建設業法施行規則等の一部を改正する省令新旧対照条文

改　正　後	改　正　前
一〜四　（略） 3　（略） （登録の要件等） 第18条の5　（略） 　一　（略） 　二　（略） 　　イ　（略） 　　ロ　建設業者のうち株式会社であつて総売上高のうち建設業に係る売上高の割合が5割を超えているものに対し、<u>金融商品取引法</u>（昭和23年法律第25号）第193条の2に規定する監査証明又は会社法第396条に規定する監査に係る業務（ハにおいて「建設業監査等」という。）に5年以上従事した者 　　ハ・ニ　（略） 2　<u>第18条の3第3項第2号ロ</u>の登録は、登録経理試験登録簿に次に掲げる事項を記載してするものとする。 　一〜四　（略） （準用規定） 第18条の7　（略）	一〜四　（略） 3　（略） （登録の要件等） 第18条の5　（略） 　一　（略） 　二　（略） 　　イ　（略） 　　ロ　建設業者のうち株式会社であつて総売上高のうち建設業に係る売上高の割合が5割を超えているものに対し、<u>証券取引法</u>（昭和23年法律第25号）第193条の2に規定する監査証明又は会社法第396条に規定する監査に係る業務（ハにおいて「建設業監査等」という。）に5年以上従事した者 　　ハ・ニ　（略） 2　<u>第18条の3第2項第2号</u>の登録は、登録経理試験登録簿に次に掲げる事項を記載してするものとする。 　一〜四　（略） （準用規定） 第18条の7　（略）

第7条の5、第7条の7第1項、第7条の15第6号、第7条の18第1号	第7条の3第2号の表とび・土工工事業の項第4号	<u>第18条の3第3項第2号ロ</u>	第7条の5、第7条の7第1項、第7条の15第6号、第7条の18第1号	第7条の3第2号の表とび・土工工事業の項第4号	<u>第18条の3第2項第2号</u>
（略）	（略）	（略）	（略）	（略）	（略）

改　正　後	改　正　前
（建設業者団体の届出） 第23条　（略）	（建設業者団体の届出） 第23条　（略）

建設業法施行規則等の一部を改正する省令新旧対照条文

改　正　後	改　正　前
２・３　（略）	２・３　（略）
<u>４　第１項の規定により国土交通大臣に届出をした建設業者団体は、同項に掲げる事項のほか、建設工事の担い手の育成及び確保その他の施工技術の確保に関する取組を実施している場合には、当該取組の内容を国土交通大臣に届け出ることができる。</u>	（新設）
<u>５　国土交通大臣は、前項の規定による届出のあつた取組の内容が、建設工事の担い手の育成及び確保その他の施工技術の確保に資するものであり、かつ、法令に違反しないと認めるときは、当該取組が促進されるように必要な措置を講ずるものとする。</u>	（新設）
（帳簿の記載事項等）	（帳簿の記載事項等）
第26条　（略）	第26条　（略）
２　（略）	２　（略）
一　（略）	一　（略）
二　<u>前項第４号ロ</u>の下請契約が法第24条の５第１項に規定する下請契約であるときは、当該下請契約に関する同号ニ(1)に掲げる事項を証する書面又はその写し	二　<u>前項第３号ロ</u>の下請契約が法第24条の５第１項に規定する下請契約であるときは、当該下請契約に関する同号ニ(1)に掲げる事項を証する書面又はその写し
三　（略）	三　（略）
３・４　（略）	３・４　（略）
５　法第40条の３の国土交通省令で定める図書は、発注者から直接建設工事を請け負つた建設業者（<u>作成建設業者</u>を除く。）にあつては第１号及び第２号に掲げるもの又はその写し、<u>作成建設業者</u>にあつては第１号から第３号までに掲げるもの又はその写しとする。	５　法第40条の３の国土交通省令で定める図書は、発注者から直接建設工事を請け負つた建設業者（<u>作成特定建設業者</u>を除く。）にあつては第１号及び第２号に掲げるもの又はその写し、<u>作成特定建設業者</u>にあつては第１号から第３号までに掲げるもの又はその写しとする。
一〜三　（略）	一〜三　（略）
６〜８　（略）	６〜８　（略）
（権限の委任）	（権限の委任）
第29条　法、令及びこの省令に規定する国	第29条　法、令及びこの省令に規定する国

建設業法施行規則等の一部を改正する省令新旧対照条文

改 正 後	改 正 前
土交通大臣の権限のうち、次に掲げるもの以外のものは、建設業者若しくは法第3条第1項の許可を受けようとする者の主たる営業所の所在地、法第7条第1号ロ、第2号ハ若しくは法第15条第2号ハの認定若しくは法第27条第3項の合格証明書の交付を受けようとする者若しくは令第27条の9第1項の規定により合格を取り消された者の住所地又は建設業者団体の主たる事務所の所在地を管轄する地方整備局長及び北海道開発局長に委任する。ただし、法第25条の27第2項、法第27条の38、<u>法第27条の39第2項</u>、法第28条第1項、第3項及び第7項、法第29条、法第29条の2第1項、法第29条の3第3項、法第29条の4、法第31条第1項並びに法第41条<u>並びに第23条第5項</u>の規定に基づく権限については、国土交通大臣が自ら行うことを妨げない。 一～二十一　（略）	土交通大臣の権限のうち、次に掲げるもの以外のものは、建設業者若しくは法第3条第1項の許可を受けようとする者の主たる営業所の所在地、法第7条第1号ロ、第2号ハ若しくは法第15条第2号ハの認定若しくは法第27条第3項の合格証明書の交付を受けようとする者若しくは令第27条の9第1項の規定により合格を取り消された者の住所地又は建設業者団体の主たる事務所の所在地を管轄する地方整備局長及び北海道開発局長に委任する。ただし、法第25条の27第2項、法第27条の38、法第28条第1項、第3項及び第7項、法第29条、法第29条の2第1項、法第29条の3第3項、法第29条の4、法第31条第1項並びに法第41条の規定に基づく権限については、国土交通大臣が自ら行うことを妨げない。 一～二十一　（略）

○浄化槽工事業に係る登録等に関する省令（昭和60年建設省令第6号）（抄）

（下線の部分は改正部分）

改　正　後	改　正　前
（登録申請書の添付書類） 第3条　（略） 一　工事業登録申請者（法人にあつてはその役員（業務を執行する社員、取締役、執行役又はこれらに準ずる者をいい、相談役、顧問その他いかなる名称を有する者であるかを問わず、法人に対し業務を執行する社員、取締役、執行役又はこれらに準ずる者と同等以上の支配力を有するものと認められる者を含む。以下同じ。）を、営業に関し成年者と同一の行為能力を有しない未成年者にあつてはその法定代理人（法人にあつては、当該法人及びその役員）を含む。以下この条において同じ。）が法第24条第1項各号に該当しない者であることを誓約する書面 二　（略） 三　工事業登録申請者の住所、生年月日等に関する調書 四　営業所ごとに置かれる浄化槽設備士の住所、生年月日等に関する調書 五　（略） 2　（略） 3　第1項第1号の誓約書、同項第3号の調書及び同項第4号の調書の様式は、次に掲げるものとする。 一　（略） 二　第1項第3号の調書　別記様式第3号 三　第1項第4号の調書　別記様式第4号	（登録申請書の添付書類） 第3条　（略） 一　工事業登録申請者（法人にあつてはその役員（業務を執行する社員、取締役、執行役又はこれらに準ずる者をいう。以下同じ。）を、営業に関し成年者と同一の行為能力を有しない未成年者にあつてはその法定代理人（法人にあつては、当該法人及びその役員）を含む。以下この条において同じ。）が法第24条第1項各号に該当しない者であることを誓約する書面 二　（略） 三　工事業登録申請者の略歴を記載した書面 四　営業所ごとに置かれる浄化槽設備士の略歴を記載した書面 五　（略） 2　（略） 3　第1項第1号の誓約書、同項第3号の略歴書及び同項第4号の略歴書の様式は、次に掲げるものとする。 一　（略） 二　第1項第3号の略歴書　別記様式第3号 三　第1項第4号の略歴書　別記様式第4

建設業法施行規則等の一部を改正する省令新旧対照条文

改　正　後	改　正　前
第8条　（略） 　一・二　（略） 　三　法第22条第１項第３号に掲げる事項の変更　登記事項証明書並びに新たに役員となる者がある場合においては、別記様式第２号による法第24条第１項各号に該当しない者であることを誓約する書面及び別記様式第３号による当該役員の<u>住所、生年月日等に関する調書</u> 　四　（略）	号 **第8条**　（略） 　一・二　（略） 　三　法第22条第１項第３号に掲げる事項の変更　登記事項証明書並びに新たに役員となる者がある場合においては、別記様式第２号による法第24条第１項各号に該当しない者であることを誓約する書面及び別記様式第３号による当該役員の<u>略歴を記載した書面</u> 　四　（略）

建設業法施行規則等の一部を改正する省令新旧対照条文

○解体工事業に係る登録等に関する省令（平成13年国土交通省令第92号）（抄）

（下線の部分は改正部分）

改　正　後	改　正　前
（登録申請書の添付書類） 第4条　（略） 一　解体工事業者の登録を受けようとする者（以下「登録申請者」という。）が法人である場合にあってはその役員（業務を執行する社員、取締役、執行役又はこれらに準ずる者をいい、相談役、顧問その他いかなる名称を有する者であるかを問わず、法人に対し業務を執行する社員、取締役、執行役又はこれらに準ずる者と同等以上の支配力を有するものと認められる者を含む。以下同じ。）、営業に関し成年者と同一の行為能力を有しない未成年者である場合にあってはその法定代理人（法人である場合にあっては、当該法人及びその役員。第3号において同じ。）が法第24条第1項各号に該当しない者であることを誓約する書面 二　（略） 三　登録申請者（法人である場合にあってはその役員を、営業に関し成年者と同一の行為能力を有しない未成年者である場合にあってはその法定代理人を含む。）の住所、生年月日等に関する調書 四・五　（略） 2〜4　（略） 5　第1項第3号の調書の様式は、別記様式第4号とする。	（登録申請書の添付書類） 第4条　（略） 一　解体工事業者の登録を受けようとする者（以下「登録申請者」という。）が法人である場合にあってはその役員（業務を執行する社員、取締役、執行役又はこれらに準ずる者をいう。以下同じ。）、営業に関し成年者と同一の行為能力を有しない未成年者である場合にあってはその法定代理人（法人である場合にあっては、当該法人及びその役員。第3号において同じ。）が法第24条第1項各号に該当しない者であることを誓約する書面 二　（略） 三　登録申請者（法人である場合にあってはその役員を、営業に関し成年者と同一の行為能力を有しない未成年者である場合にあってはその法定代理人を含む。）の略歴を記載した書面 四・五　（略） 2〜4　（略） 5　第1項第3号の略歴書の様式は、別記様式第4号とする。

○建設業法施行規則（昭和24年建設省令第14号）

建設業法施行規則等の一部を改正する省令新旧対照条文

※改正部分に下線。新設及び削除の場合は下線を省略。

改　正　後	改　正　前
様式第一号（第二条関係）　建設業許可申請書	様式第一号（第二条関係）　建設業許可申請書

— 155 —

建設業法施行規則等の一部を改正する省令新旧対照条文

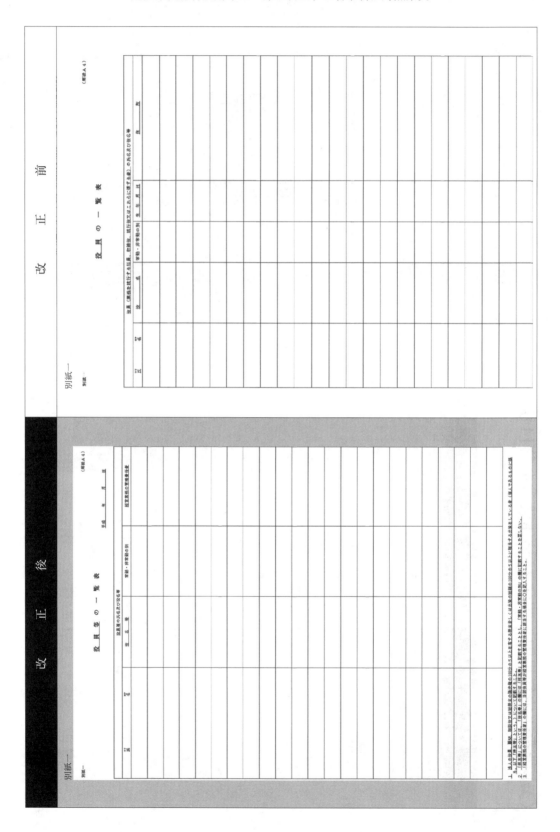

建設業法施行規則等の一部を改正する省令新旧対照条文

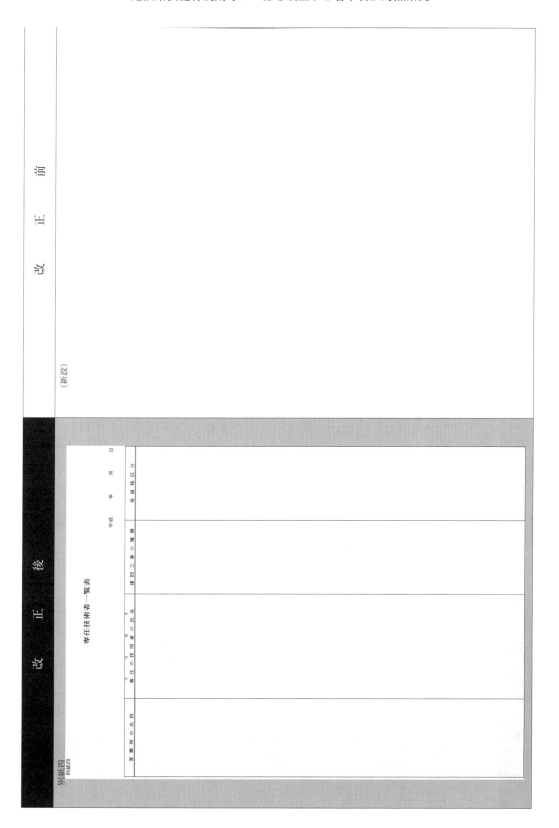

建設業法施行規則等の一部を改正する省令新旧対照条文

改　正　後	改　正　前
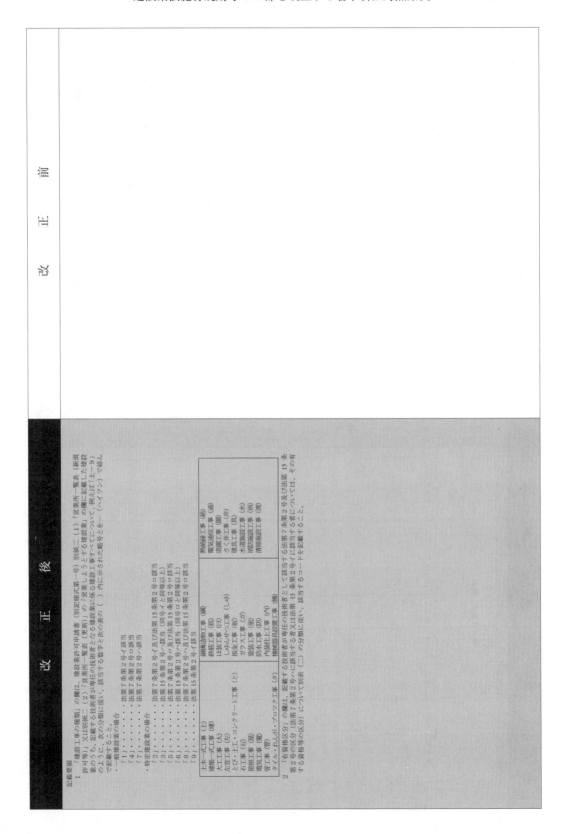	

記載要領
1 「建設工事の種類」の欄は、建設業許可申請書（別記様式第一号）別紙二（1）「営業所一覧表（新規許可等）」又は別紙二（2）「営業所一覧表（更新）」の「営業しようとする建設業」の欄に記載した建設業のうち、記載する技術者が主任の技術者となる建設工事すべてについて、例えば「土－9」のように、次の分類に従い、該当する数字と次の表の（ ）内に示された略号とを－（ハイフン）で結んで記載すること。
・一般建設業の場合
「1」・・・・・法第7条第2号イ該当
「4」・・・・・法第7条第2号ロ該当
「7」・・・・・法第7条第2号ハ該当
・特定建設業の場合
「3」・・・・・法第7条第2号イ及び法第15条第2号ロと同等以上
「5」・・・・・法第15条第2号イ該当（同号イと同等以上）
「6」・・・・・法第7条第2号ロ及び法第15条第2号ロと同等以上
「8」・・・・・法第7条第2号ハ及び法第15条第2号ロと同等以上
「9」・・・・・法第15条第2号イ該当

土木一式工事（土）	鋼構造物工事（鋼）	熱絶縁工事（絶）
建築一式工事（建）	鉄筋工事（筋）	電気通信工事（通）
大工工事（大）	舗装工事（ほ）	造園工事（園）
左官工事（左）	しゅんせつ工事（しゅ）	さく井工事（井）
とび・土工・コンクリート工事（と）	板金工事（板）	建具工事（具）
石工事（石）	ガラス工事（ガ）	水道施設工事（水）
屋根工事（屋）	塗装工事（塗）	消防施設工事（消）
電気工事（電）	防水工事（防）	清掃施設工事（清）
管工事（管）	内装仕上工事（内）	
タイル・れんが・ブロツク工事（タ）	機械器具設置工事（機）	

2 「有資格区分」の欄は、記載する技術者が法第7条第2号及び法第15条第2号に該当する技術者としての該当する技術者の区分（法第7条第2号ハ該当する者又は法第15条第2号イに該当する者については、その有する資格等の区分）について別表（二）の分類に従い、該当するコードを記載すること。

建設業法施行規則等の一部を改正する省令新旧対照条文

改　正　後	改　正　前
工事経歴書	工事経歴書

改正後：

様式第二号

（略）

記載要領

1～5　（略）

6　「注文者」及び「工事名」の記入に際しては、その内容により個人の氏名が特定されることのないよう十分に留意すること。

7～9　（略）

10　「請負代金の額」の「うち、PC、法面処理、鋼橋上部」の欄は、次の表の（一）欄に掲げる建設工事について工事経歴書を作成する場合ごとに、同表の（二）欄に掲げる工事がある場合は、同表の（三）欄に掲げる工事ごとに同表の（二）欄に掲げる工事に該当する請負代金の額を記載すること。掲げる略称に丸を付し、工事ごとに該当する請負代金の額を記載すること。

（一）	（二）	（三）
土木一式工事	プレストレストコンクリート構造物工事	PC
とび・土工・コンクリート工事	法面処理工事	法面処理
鋼構造物工事	鋼橋上部工事	鋼橋上部

11　「小計」の欄は、ページごとの完成工事の件数の合計並びに完成工事及びそのうちの元請工事に係る請負代金の額の合計及び10により「PC」、「法面処理」又は「鋼橋上部」について請負代金の額を区分して記載すること。

12　「合計」の欄は、最終ページにおいて、すべての完成工事の件数の合計及び完成工事及びそのうちの元請工事に係る請負代金の合計及び10により「PC」、「法面処理」又は「鋼橋上部」について請負代金の額を区分して記載した額の合計を記載すること。

改正前：

様式第二号

（略）

記載要領

1～5　（略）

6～8　（新設）

9　「請負代金の額」の「うち、PC、法面処理、鋼橋上部」の欄は、次の表の（一）欄に掲げる建設工事について工事経歴書を作成する場合ごとに、同表の（二）欄に掲げる工事がある場合は、同表の（二）欄に掲げる工事に該当する請負代金の額を記載すること。掲げる略称に丸を付し、工事ごとに該当する請負代金の額を記載すること。

（一）	（二）	（三）
土木一式工事	プレストレストコンクリート工事	PC
とび・土工・コンクリート工事	法面処理工事	法面処理
鋼構造物工事	鋼橋上部工事	鋼橋上部

10　「小計」の欄は、ページごとの完成工事の件数の合計並びに完成工事及びそのうちの元請工事に係る請負代金の額の合計及び9により「PC」、「法面処理」又は「鋼橋上部」について請負代金の額を区分して記載すること。

11　「合計」の欄は、最終ページにおいて、すべての完成工事の件数の合計及び完成工事及びそのうちの元請工事に係る請負代金の合計及び9により「PC」、「法面処理」又は「鋼橋上部」について請負代金の額を区分して記載した額の合計を記載すること。

建設業法施行規則等の一部を改正する省令新旧対照条文

改正後

様式第四号(第二条関係)

(用紙A4)

平成　　年　　月　　日

営業所の名称	使用人数			合計
	技術関係使用人		事務関係使用人	
	建設業法第7条第2号イ、ロ若しくはハ又は同法第15条第2号イ若しくはハに該当する者	その他の技術関係使用人		
	人	人	人	人
合計	人	人	人	人

記載要領
1　この表には、法第5条の規定(法第17条において準用する場合を含む。)に基づく許可の申請の場合は、当該申請をする日、法第11条第3項(法第17条において準用する場合を含む。)の規定に基づく届出の場合は、当該事業年度の終了の日において建設業に従事している使用人数を、営業所ごとに記載すること。
2　「使用人」とは、役員、職員を問わず雇用期間を特に限定することなく雇用されている者(申請者が法人の場合は常勤の役員を、個人の場合はその事業主を含む。)をいい、労働者派遣法に基づく派遣労働者は含まないものとすること。
3　「その他の技術関係使用人」の欄には、法第7条第2号イ、ロ若しくはハ又は法第15条第2号イ若しくはハに該当する者ではないが、技術関係の業務に従事している者の数を記載すること。

改正前

様式第四号(第二条関係)

(用紙A4)

営業所の名称	使用人数			合計
	技術関係使用人		事務関係使用人	
	建設業法第7条第2号イ、ロ若しくはハ又は同法第15条第2号イ若しくはハに該当する者	その他の技術関係使用人		
	人	人	人	人
合計	人	人	人	人

記載要領
1　この表には、法第5条の規定(法第17条において準用する場合を含む。)に基づく許可の申請の場合は、当該申請をする日、法第11条第3項(法第17条において準用する場合を含む。)の規定に基づく届出の場合は、当該事業年度の終了の日において建設業に従事している使用人数を、営業所ごとに記載すること。
2　「使用人」とは、役員、職員を問わず雇用期間を特に限定することなく雇用された者(申請者が法人の場合は常勤の役員を、個人の場合はその事業主を含む。)をいう。
3　「その他の技術関係使用人」の欄には、法第7条第2号イ、ロ若しくはハ又は法第15条第2号イ若しくはハに該当する者ではないが、技術関係の業務に従事している者の数を記載すること。

建設業法施行規則等の一部を改正する省令新旧対照条文

改 正 後	改 正 前
様式第六号（第二条関係） 様式第六号（第二条関係） （用紙Ａ４） 誓　　約　　書 申請者、申請者の役員等及び建設業法施行令第３条に規定する使用人並びに法定代理人及び法定代理人の役員等は、同法第８条各号（同法第17条において準用される場合を含む。）に規定されている欠格要件に該当しないことを誓約します。 平成　　年　　月　　日 申請者　　　　　　　　印 地方整備局長 北海道開発局長　　　殿 知事 記載要領 「地方整備局長 　北海道開発局長　　　」については、不要のものを消すこと。 　知事	様式第六号（第二条関係） 様式第六号（第二条関係） （用紙Ａ４） 誓　　約　　書 申請者、申請者の役員等及び建設業法施行令第３条に規定する使用人並びに法定代理人及び法定代理人の役員等は、同法第８条各号（同法第17条において準用される場合を含む。）に規定されている欠格要件に該当しないことを誓約します。 平成　　年　　月　　日 申請者　　　　　　　　印 地方整備局長 北海道開発局長　　　殿 知事 記載要領 「地方整備局長 　北海道開発局長　　　」については、不要のものを消すこと。 　知事

建設業法施行規則等の一部を改正する省令新旧対照条文

建設業法施行規則等の一部を改正する省令新旧対照条文

改　正　後	改　正　前
別紙 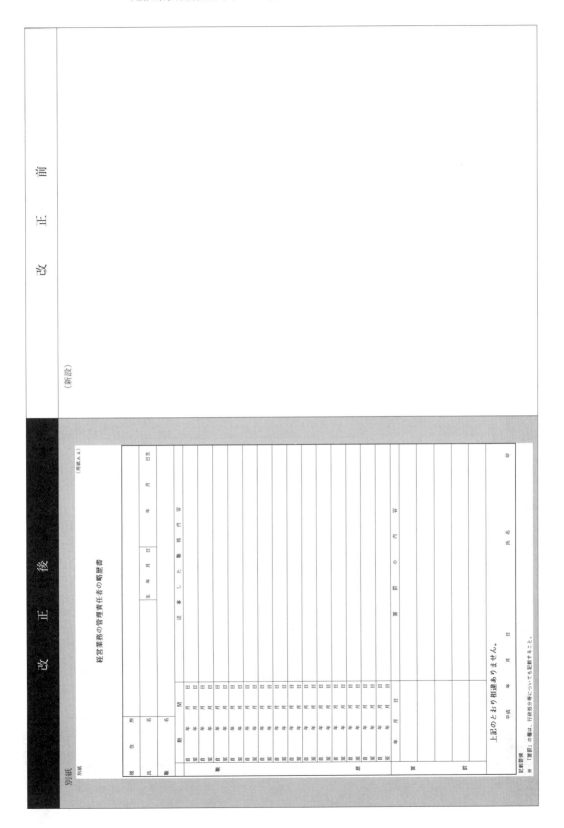経営業務の管理責任者の略歴書	（新設）

― 163 ―

建設業法施行規則等の一部を改正する省令新旧対照条文

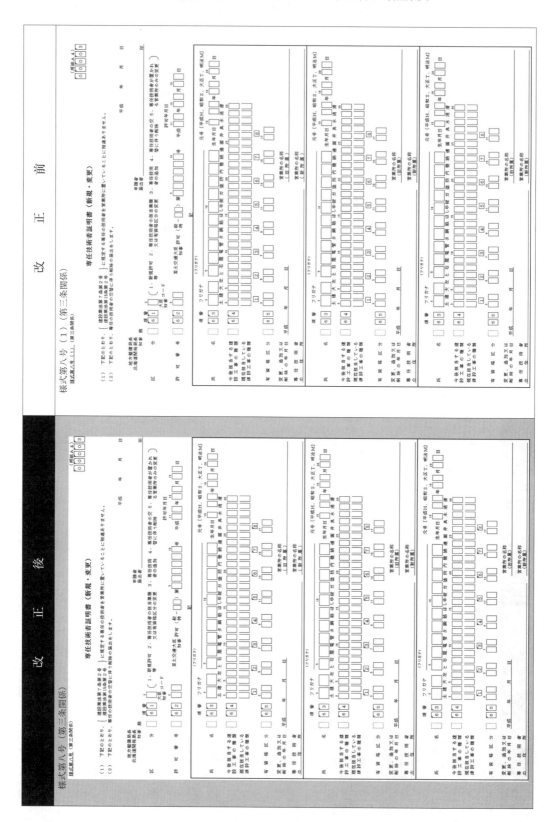

建設業法施行規則等の一部を改正する省令新旧対照条文

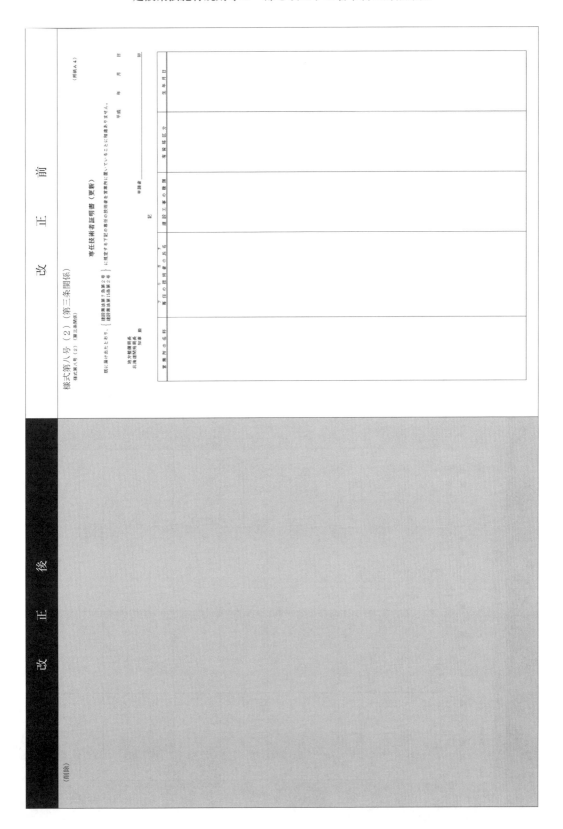

改正後

(削除)

建設業法施行規則等の一部を改正する省令新旧対照条文

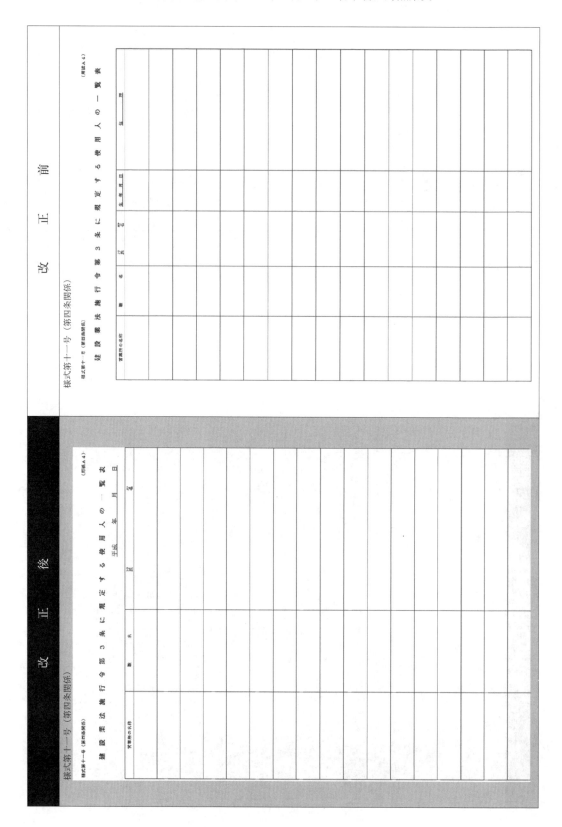

建設業法施行規則等の一部を改正する省令新旧対照条文

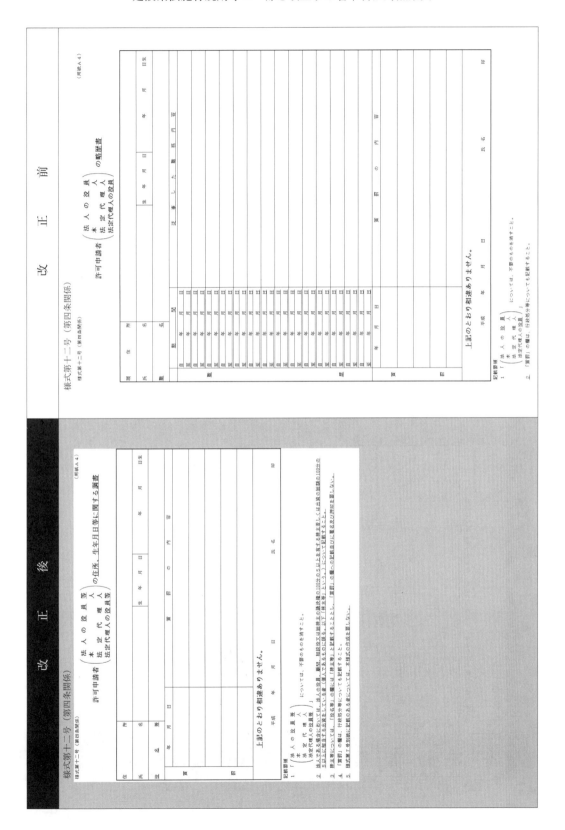

建設業法施行規則等の一部を改正する省令新旧対照条文

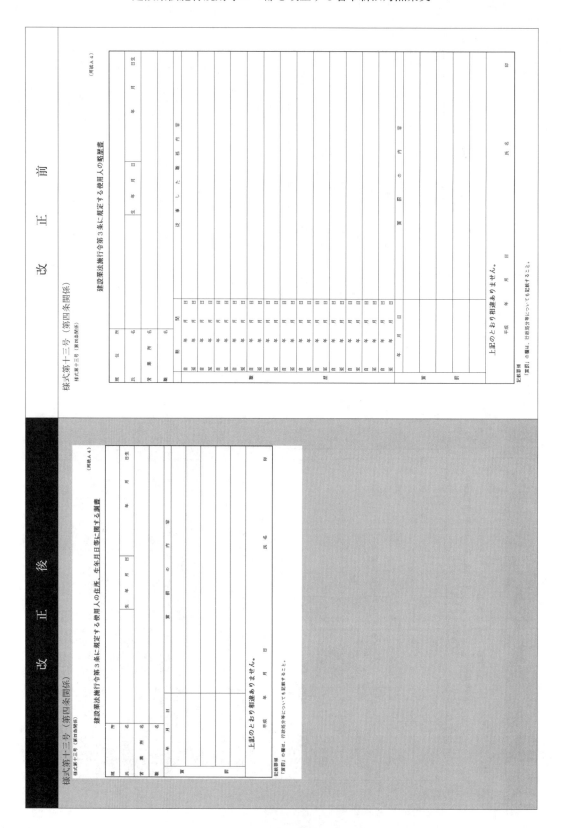

建設業法施行規則等の一部を改正する省令新旧対照条文

改　正　後	改　正　前
様式第十五号（第四条、第十条、第十九条の四関係） 貸借対照表 （略） 記載要領 1～6　（略） 7　流動資産の「有価証券」又は「その他」に属する親会社株式の金額が資産の総額の100分の5を超えるときは、「親会社株式」の科目をもって記載すること。投資その他の資産の「関係会社株式・関係会社出資金」に属する親会社株式については同様に、投資その他の資産に「親会社株式」の科目をもって記載すること。 8　流動資産、有形固定資産、無形固定資産又は投資その他の資産の「その他」に属する資産で、その金額が資産の総額の100分の5を超えるものについては、当該資産を明示する科目をもって記載すること。 9　（略） 10　「材料貯蔵品」、「短期貸付金」、「前払費用」、「前払費用」、「特許権」、「借地権」及び「のれん」は、その金額が資産の総額の100分の5以下であるときは、それぞれ流動資産の「その他」、無形固定資産の「その他」にまとめて記載することができる。 11～21　（略）	様式第十五号（第四条、第十条、第十九条の四関係） 貸借対照表 （略） 記載要領 1～6　（略） 7　流動資産の「有価証券」又は「その他」に属する親会社株式の金額が資産の総額の100分の1を超えるときは、「親会社株式」の科目をもって記載すること。投資その他の資産の「関係会社株式・関係会社出資金」に属する親会社株式については同様に、投資その他の資産に「親会社株式」の科目をもって記載すること。 8　流動資産、有形固定資産、無形固定資産又は投資その他の資産の「その他」に属する資産で、その金額が資産の総額の100分の1を超えるものについては、当該資産を明示する科目をもって記載すること。 9　（略） 10　「材料貯蔵品」、「短期貸付金」、「前払費用」、「特許権」、「借地権」及び「のれん」は、その金額が資産の総額の100分の1以下であるときは、それぞれ流動資産の「その他」、無形固定資産の「その他」にまとめて記載することができる。 11～21　（略）

建設業法施行規則等の一部を改正する省令新旧対照条文

改　正　後	改　正　前
様式第十七号の二（第四条、第十条、第十九条の四関係） 注記表 （略） 記載要領 1　記載を要する注記は、以下のとおりとする。 		株式会社		
---	---	---	---
	会計監査人設置会社	会計監査人なし	
		公開会社	株式譲渡制限会社
1・2　（略）			
3　会計方針の変更	○	○	○
4～18　（略）			| 2～6　（略）	様式第十七号の二（第四条、第十条、第十九条の四関係） 注記表 （略） 記載要領 1　記載を要する注記は、以下のとおりとする。 |	株式会社		
---	---	---	---
	会計監査人設置会社	会計監査人なし	
		公開会社	株式譲渡制限会社
1・2　（略）			
3　会計方針の変更	○	○	○
4～18　（略）				 2～6　（略）

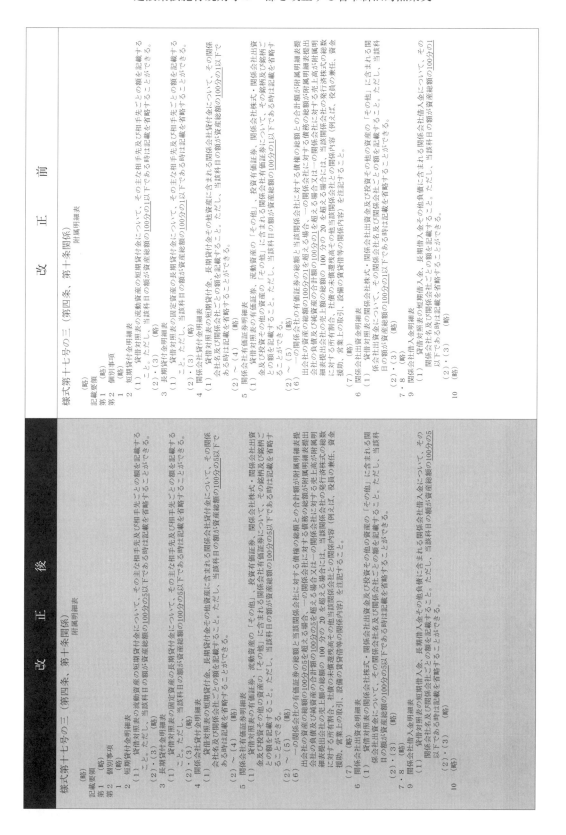

建設業法施行規則等の一部を改正する省令新旧対照条文

改 正 後	改 正 前
様式第十八号（第四条、第十条、第十九条の四関係） 貸借対照表 （略） 記載要領 （略） 1～5 （略） 6 流動資産の「その他」又は固定資産の「その他」に属する資産で、その金額が資産の総額の100分の5を超えるものについては、当該資産を明示する科目をもって記載すること。 7～9 （略）	様式第十八号（第四条、第十条、第十九条の四関係） 貸借対照表 （略） 記載要領 （略） 1～5 （略） 6 流動資産の「その他」又は固定資産の「その他」に属する資産で、その金額が資産の総額の100分の1を超えるものについては、当該資産を明示する科目をもって記載すること。 7～9 （略）

建設業法施行規則等の一部を改正する省令新旧対照条文

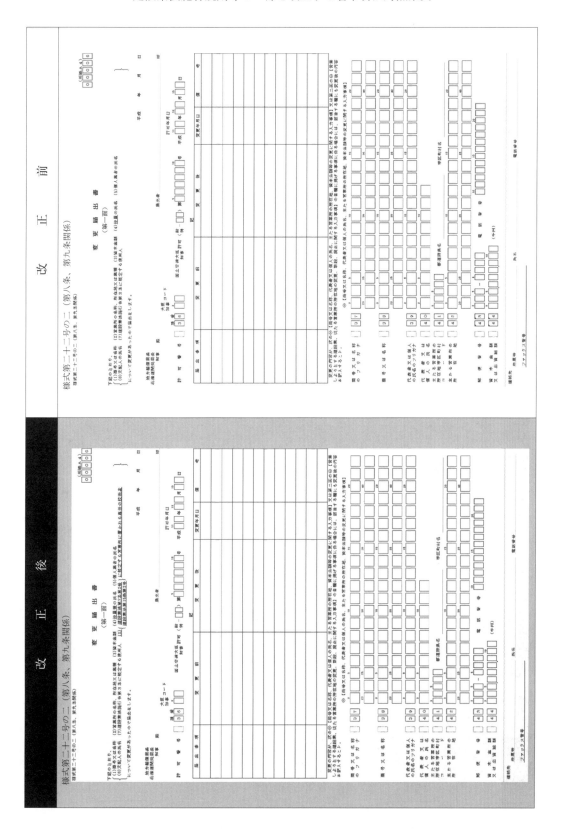

建設業法施行規則等の一部を改正する省令新旧対照条文

改正後	改正前
記載要領 1 (1) から (8) までの事項については、該当するものの番号を○で囲むこと。 2～7 (略) 8 届出の内容が、経営業務の管理責任者である役員等の氏名に係る場合には、「備考」の欄にその旨を記載すること。 9 (略) 10 届出の内容が、営業所の新設の場合には、「変更後」の欄に、当該営業所に専任で置かれる法第7条第2号又は法第15条第2号に規定する技術者の氏名を記載し、「備考」の欄に当該営業所の名称を記載すること。 11～22 (略)	記載要領 1 (1) から (7) までの事項については、該当するものの番号を○で囲むこと。 2～7 (略) (新設) 8 (略) (新設) 9～20 (略)

建設業法施行規則等の一部を改正する省令新旧対照条文

建設業法施行規則等の一部を改正する省令新旧対照条文

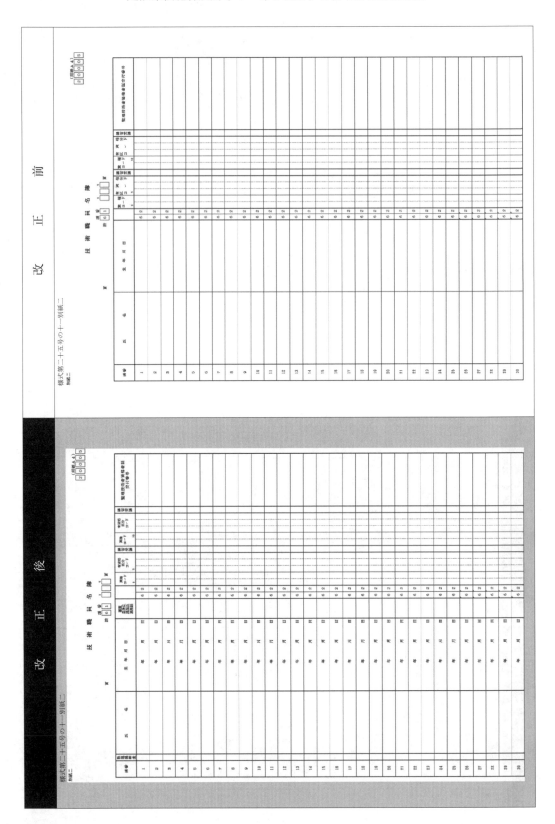

建設業法施行規則等の一部を改正する省令新旧対照条文

改　正　後	改　正　前
記載要領 1～3　（略） 4　「新規掲載者」の欄は、審査対象年内に新規に技術職員となった者につき、○印を記入すること。 5　「審査基準日現在の満年齢」の欄は、当該技術職員の審査基準日時点での満年齢を記入すること。 6～9　（略）	記載要領 1～3　（略） 　　（新設） 4～7　（略）

―177―

建設業法施行規則等の一部を改正する省令新旧対照条文

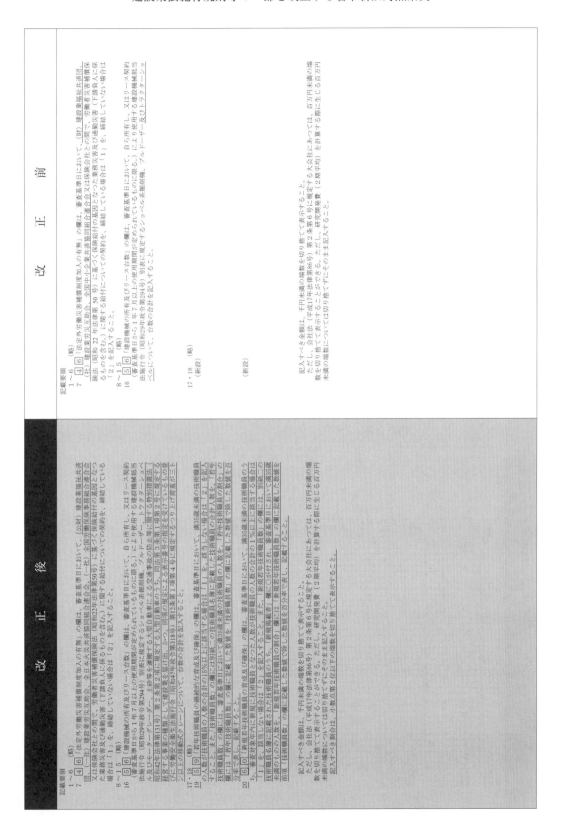

建設業法施行規則等の一部を改正する省令新旧対照条文

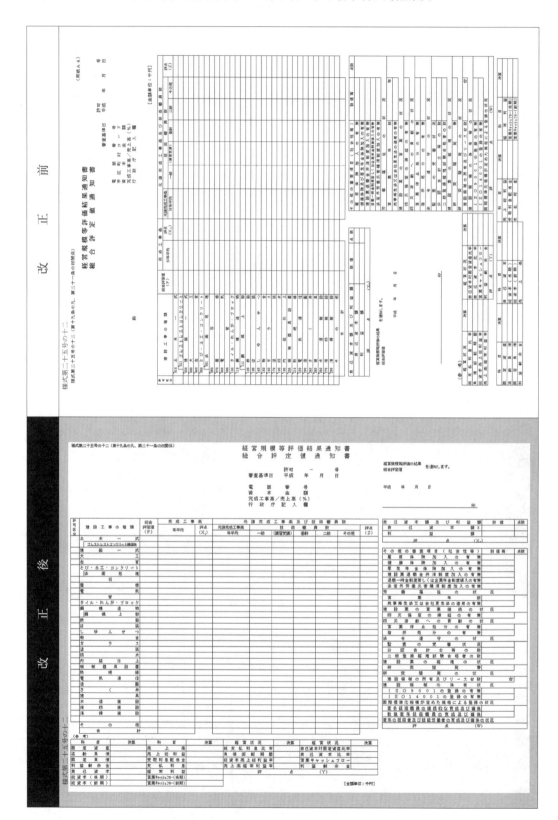

建設業法施行規則等の一部を改正する省令新旧対照条文

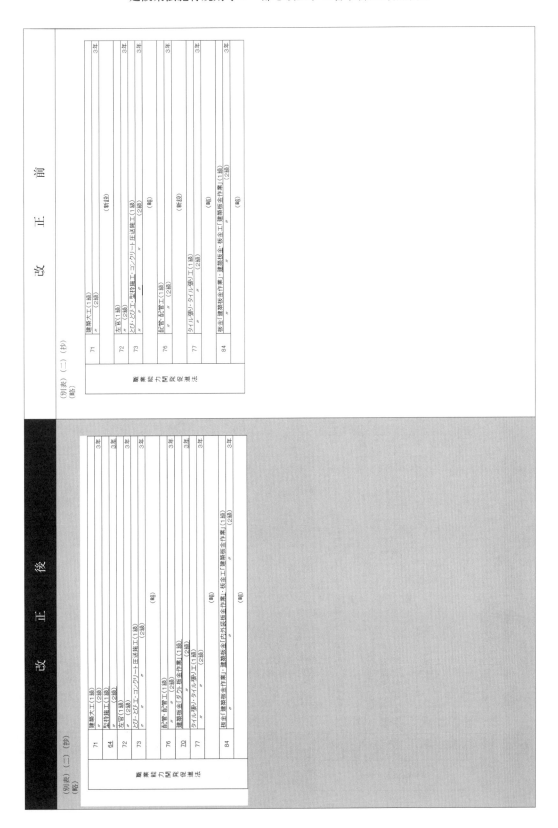

建設業法施行規則等の一部を改正する省令新旧対照条文

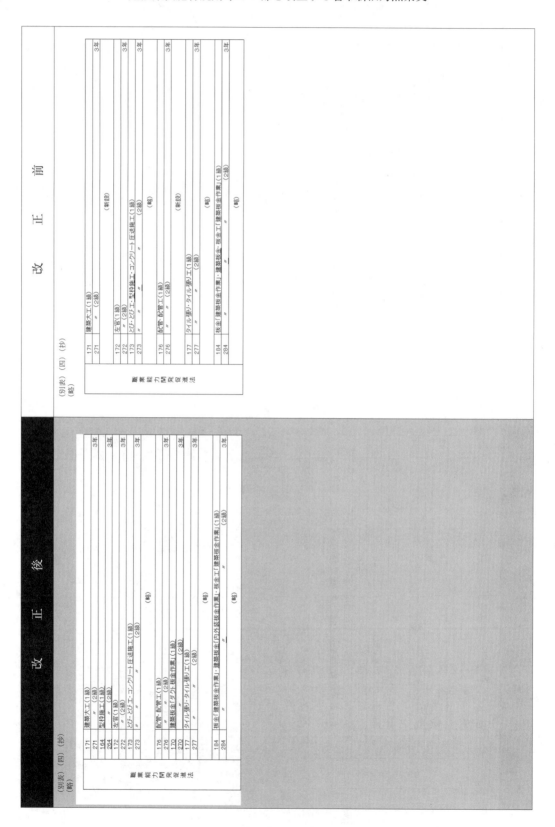

建設業法施行規則等の一部を改正する省令新旧対照条文

○浄化槽工事業の登録等に関する省令（昭和60年建設省令第6号）

※改正部分に下線

改　正　後	改　正　前

別記様式第一号（第二条関係）
別記2様式第1号（第2条関係）

表面

（A4）

浄化槽工事業登録申請書

| 登録の種類 | 新規・更新 | ※登録番号 | 知事（登）第　号 |
| | | ※登録年月日 | 年　月　日 |

証紙はり付け欄
（消印してはならない。）

この申請書により、浄化槽工事業の登録の申請をします。
　　　　　　　　　　　　　　　　　　　　　年　月　日

申請者　　　　　　　　　　　印

知事　殿

フリガナ 氏名又は名称	
住　所	郵便番号（　　　）　　　電話番号（　　）
法人にあっては フリガナ 代表者の氏名	
役員（業務を執行する社員、取締役、執行役又はこれらに準ずる者をいい、相談役、顧問及び総株主の議決権の100分の5以上を有する株主又は出資の総額の100分の5以上に相当する出資をしている者（個人である者に限る。）を含む。）の氏名及び役員等	フリガナ 氏名	役名等（常勤・非常勤）

| 申請時において既に受けている登録 | 知事（登）第　号　　年　月　日登録 |

別記様式第一号（第二条関係）
別記2様式第1号（第2条関係）

表面

（A4）

浄化槽工事業登録申請書

| 登録の種類 | 新規・更新 | ※登録番号 | 知事（登）第　号 |
| | | ※登録年月日 | 年　月　日 |

証紙はり付け欄
（消印してはならない。）

この申請書により、浄化槽工事業の登録の申請をします。
　　　　　　　　　　　　　　　　　　　　　年　月　日

申請者　　　　　　　　　　　印

知事　殿

フリガナ 氏名又は名称	
住　所	郵便番号（　　　）　　　電話番号（　　）
法人にあっては フリガナ 代表者の氏名	
役員（業務を執行する社員、取締役、	フリガナ 氏名	役名（常勤・非常勤）

| 申請時において既に受けている登録 | 知事（登）第　号　　年　月　日登録 |

建設業法施行規則等の一部を改正する省令新旧対照条文

改正前

営業所の名称及び所在地並びに当該営業所に置かれる浄化槽設備士の氏名及びその者が交付を受けた浄化槽設備士免状の交付番号				
営　業　所			浄　化　槽　設　備　士	
フリガナ 名 称	所　在　地 郵便番号（　 －　） 電話番号（　）　－		フリガナ 氏　名	免状の交付番号

他の都道府県知事の登録状況	
登　録　（　登　）　番　号	
知事　（登）　第　　　　号	

備考
1　※印のある欄には、記入しないこと。
2　「新規・更新」については不要なものを消すこと。
3　「営業所の名称及び所在地並びに当該営業所に置かれる浄化槽設備士の氏名及びその者が交付を受けた浄化槽設備士免状の交付番号」の欄には、登録を受けようとする都道府県の営業所だけでなくすべての浄化槽設備士についての営業所について記載すること。「営業所」欄と「浄化槽設備士」欄は、各々対応させて記載すること。

改正後

営業所の名称及び所在地並びに当該営業所に置かれる浄化槽設備士の氏名及びその者が交付を受けた浄化槽設備士免状の交付番号				
営　業　所			浄　化　槽　設　備　士	
フリガナ 名 称	所　在　地 郵便番号（　 －　） 電話番号（　）　－		フリガナ 氏　名	免状の交付番号

他の都道府県知事の登録状況	
登　録　（　登　）　番　号	
知事　（登）　第　　　　号	

備考
1　※印のある欄には、記入しないこと。
2　「新規・更新」については不要なものを消すこと。
3　総株主の議決権の100分の5以上を有する株主又は出資の総額の100分の5以上に相当する出資をしている者については、「役名等」の欄には「株主等」と記載すること。
4　「営業所の名称及び所在地並びに当該営業所に置かれる浄化槽設備士の氏名及びその者が交付を受けた浄化槽設備士免状の交付番号」の欄には、登録を受けようとする都道府県の営業所だけでなくすべての浄化槽設備士についての営業所について記載すること。「営業所」欄と「浄化槽設備士」欄は、各々対応させて記載すること。

建設業法施行規則等の一部を改正する省令新旧対照条文

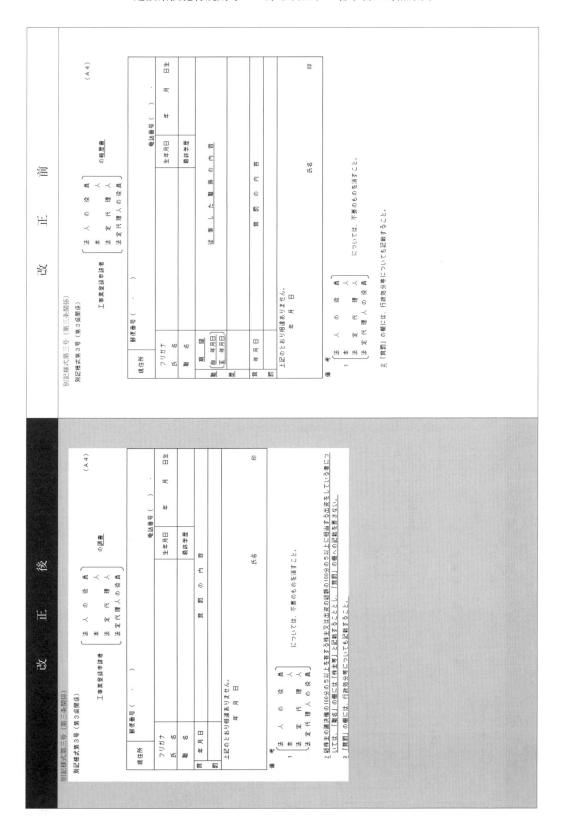

建設業法施行規則等の一部を改正する省令新旧対照条文

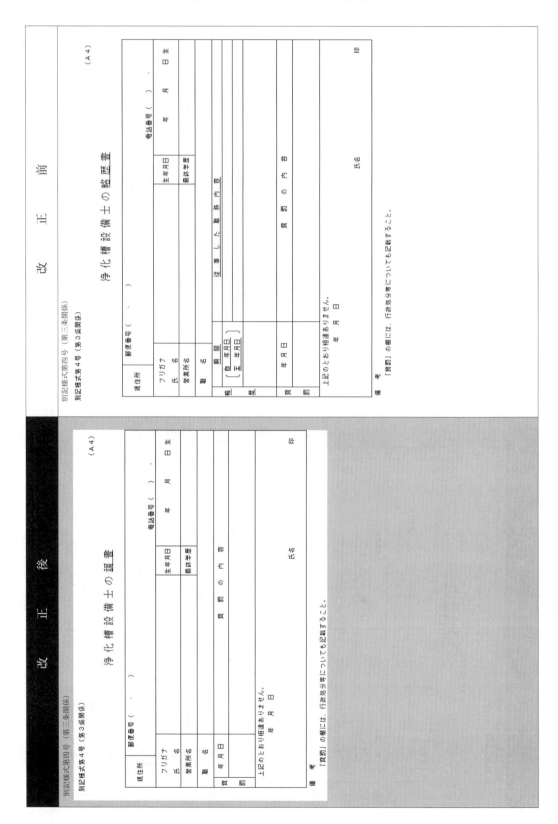

建設業法施行規則等の一部を改正する省令新旧対照条文

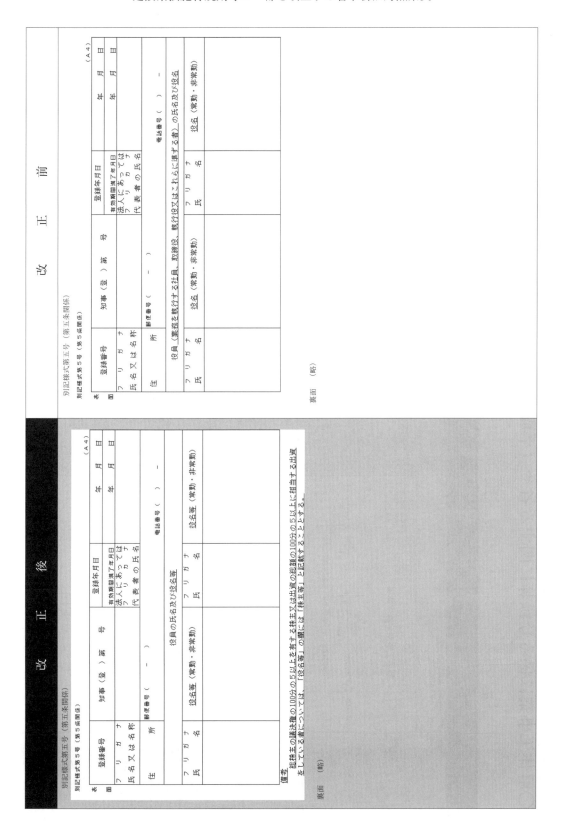

建設業法施行規則等の一部を改正する省令新旧対照条文

○解体工事業に係る登録等に関する省令（平成13年国土交通省令第92号）

※改正部分に下線

改　正　後	改　正　前
別記様式第1号（第3条関係） 別記様式第1号（第3条関係） （表面） （A4） 解体工事業登録申請書 証紙はり付け欄 （消印してはならない。） 	登録の種類	新規・更新	※登録番号
		※登録年月日　年　月　日	 　　　　　　　　　　　　　　　　年　月　日　㊞ 　この申請書により、解体工事業の登録の申請をします。 　　　知事　殿 　　　　　　　　　　　　　　申請者 	フリガナ	
商号、名称又は氏名	
郵便番号（　　－　　）　電話番号（　）	
住　所	
法人である場合の フリガナ 代表者の氏名		 法人である場合の役員（業務を執行する社員、取締役、執行役又はこれらに準ずる者をいい、相談役、顧問及び総株主の議決権の100分の5以上を有する株主又は出資の総額の100分の5以上に該当する者（個人である者に限る。）を含む。）の氏名及び役職名 	フリガナ 氏　名	役名等（常勤・非常勤）	フリガナ 氏　名	役名等（常勤・非常勤）
			| 申請時において既に受けている登録	別記様式第1号（第3条関係） 別記様式第1号（第3条関係） （表面） （A4） 解体工事業登録申請書 証紙はり付け欄 （消印してはならない。） | 登録の種類	新規・更新	※登録番号
		※登録年月日　年　月　日	 　　　　　　　　　　　　　　　　年　月　日　㊞ 　この申請書により、解体工事業の登録の申請をします。 　　　知事　殿 　　　　　　　　　　　　　　申請者 	フリガナ	
商号、名称又は氏名	
郵便番号（　　－　　）　電話番号（　）	
住　所	
法人である場合の フリガナ 代表者の氏名		 法人である場合の役員（業務を執行する社員、取締役、執行役又はこれらに準ずる者をいう。）の氏名及び役職名 	フリガナ 氏　名	役名等（常勤・非常勤）	フリガナ 氏　名	役名等（常勤・非常勤）
				  申請時において既に受けている登録

建設業法施行規則等の一部を改正する省令新旧対照条文

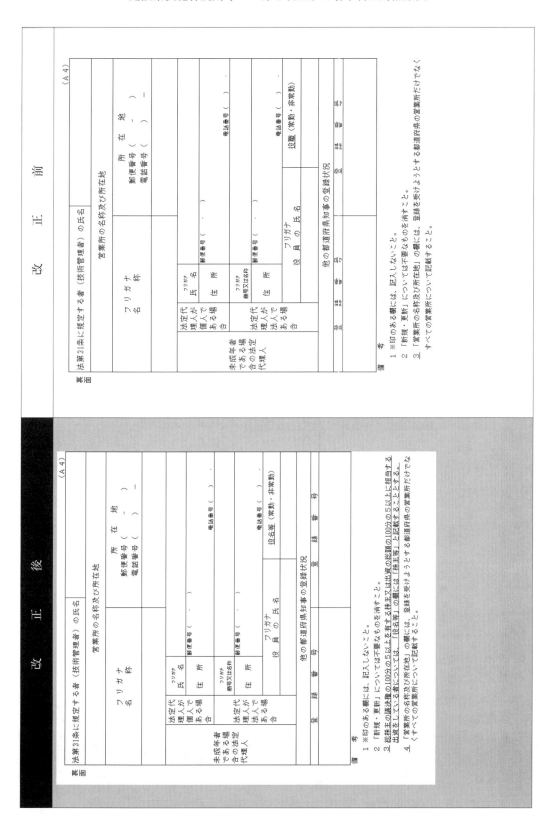

— 189 —

建設業法施行規則等の一部を改正する省令新旧対照条文

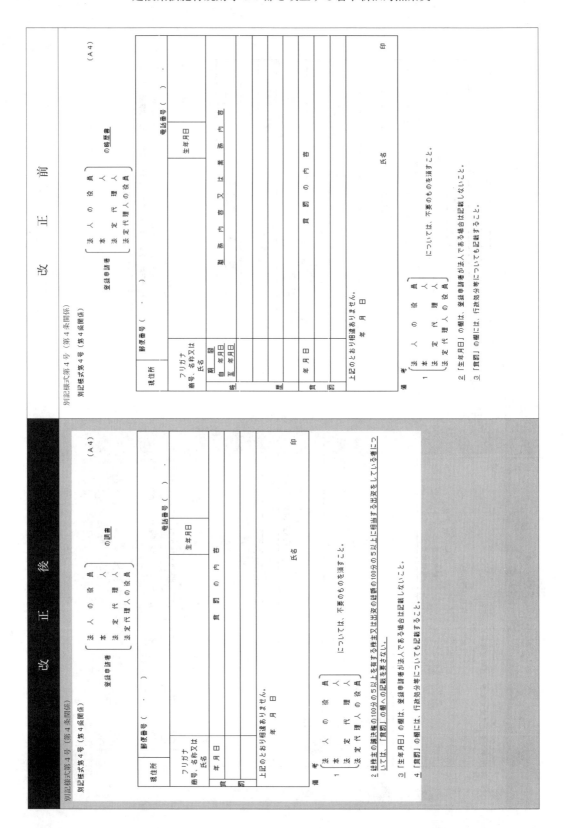

建設業法施行規則等の一部を改正する省令新旧対照条文

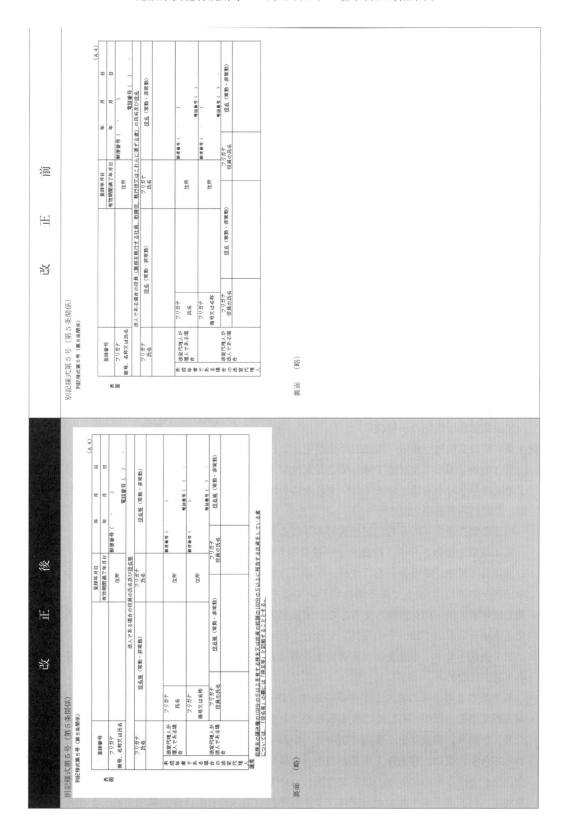

12. 建設業法施行規則等の一部を改正する省令

(平成26年10月31日)
(国土交通省令第85号)

　建設業法等の一部を改正する法律（平成26年法律第55号）及び建設業法等の一部を改正する法律の施行に伴う関係政令の整備等に関する政令（平成26年政令第308号）の施行に伴い、建設業法（昭和24年法律第100号）第5条、第6条第1項、第11条第1項、第4項及び第5項、第13条第6号並びに第14条（同法第17条においてこれらの規定を準用する場合を含む。）、第24条の7第1項、第2項及び第4項、第40条の3並びに第44条の3、浄化槽法（昭和58年法律第43号）第22条第2項（同法第25条第2項において準用する場合を含む。）及び第34条第1項、建設工事に係る資材の再資源化等に関する法律（平成12年法律第104号）第22条第2項及び第36条並びに建設業法施行令（昭和31年政令第273号）第27条の13の規定に基づき、並びに建設業法を実施するため、建設業法施行規則等の一部を改正する省令を次のように定める。

　　建設業法施行規則等の一部を改正する省令
　（建設業法施行規則の一部改正）
第1条　建設業法施行規則（昭和24年建設省令第14号）の一部を次のように改正する。
　　第3条第2項中「及び第1号、第2号又は第3号に掲げる証明書」を「並びに第1号及び第2号又は第2号から第4号までのいずれかに掲げる書面」に改め、同項に次の1号を加える。
　四　監理技術者資格者証の写し
　　第3条第3項中「のうち別記様式第8号による証明書以外の書面」を削る。
　　第4条第1項第3号中「役員」を「役員等」に、「以下この条」を「次号」に改め、同号及び同項第4号中「略歴書」を「住所、生年月日等に関する調書」に改め、同項第5号中「許可申請者」の下に「（法人である場合においてはその役員並びに相談役及び顧問をいい、営業に関し成年者と同一の行為能力を有しない未成年者である場合においてはその法定代理人（法人である場合においては、その役員）を含む。次号において同じ。）」を加える。
　　第7条第1号中「1通及び営業所のある都道府県の数と同一部数のその写し」を「及び副本各1通」に改める。
　　第7条の3第2号の表大工工事業の項中「建築大工」の下に「若しくは型枠施工」を加え、同表石工事業の項中「若しくは検定職種をコンクリート積みブロック施工とするものに合格した者」を削り、同表屋根工事業の項中「、かわらぶき若しくはスレート施工」を「若しくはかわらぶき」に改め、同表管工事業の項中「1級の」の下に「建築板金（選択科目を「ダクト板金作業」とするものに限る。以下この欄において同じ。）、」を、「2級の」の下に「建築板金、」を加え、同表タイル・れんが・ブロック工事業の項中「若しくは検定職種をれんが積み若しく

建設業法施行規則等の一部を改正する省令

はコンクリート積みブロック施工とするものに合格した者」を削る。

第9条第2項第2号中「並びに許可申請書、変更届出書及びこれらの添付書類の写し」を削り、同項第3号中「役員」を「役員等」に改める。

第12条ただし書を削り、同条の次に次の1条を加える。

（閲覧に供する書類）

第12条の2 法第13条第6号の国土交通省令で定める書類は、次に掲げるものとする。

一 第4条第1項第1号、第7号、第9号、第10号、第13号、第14号、第17号及び第18号に掲げる書類

二 第9条第2項第2号及び第3号に掲げる法第6条第1項第4号の書面

三 第10条第1項第1号及び第2号に掲げる書類

第13条第1項中「又は第2号」を「若しくは第2号」に改め、「の証明書」の下に「又は監理技術者資格者証の写し」を加え、同条第2項中「第1号、第2号又は第3号に掲げる証明書」を「次の各号に掲げるいずれかの書面」に、「第1号又は第3号に掲げる証明書」を「第1号、第3号又は第4号に掲げる書面」に改め、同項に次の1号を加える。

四 監理技術者資格者証の写し

第14条の2第1項第1号中「作成特定建設業者」を「作成建設業者」に改め、「規定」の下に「（公共工事の入札及び契約の適正化の促進に関する法律（平成12年法律第127号。次項第1号において「入札契約適正化法」という。）第15条第1項の規定により読み替えて適用される場合を含む。）」を加え、「当該特定建設業者」を「当該建設業者」に改め、同項第2号中「作成特定建設業者」を「作成建設業者」に改め、同号ホ中「監理技術者の」を「主任技術者又は監理技術者の」に改め、「有する」の下に「主任技術者資格（建設業の種類に応じ、法第7条第2号イ若しくはロに規定する実務の経験若しくは学科の修得又は同号ハの規定による国土交通大臣の認定があることをいう。以下同じ。）又は」を、「専任の」の下に「主任技術者又は」を加え、同号ヘ中「ホの」の下に、「主任技術者又は」を加え、「（建設業の種類に応じ、法第7条第2号イ若しくはロに規定する実務の経験若しくは学科の修得又は同号ハの規定による国土交通大臣の認定があることをいう。以下同じ。）」を削り、同号に次のように加える。

ト 出入国管理及び難民認定法（昭和26年政令第319号）別表第1の2の表の技能実習の在留資格を決定された者（第4号チにおいて「外国人技能実習生」という。）及び同法別表第1の5の表の上欄の在留資格を決定された者であつて、国土交通大臣が定めるもの（第4号チにおいて「外国人建設就労者」という。）の従事の状況

第14条の2第1項第4号ト中「作成特定建設業者」を「作成建設業者」に改め、同号に次のように加える。

チ 外国人技能実習生及び外国人建設就労者の従事の状況

第14条の2第2項第1号中「作成特定建設業者」を「作成建設業者」に、「公共工事の入札及び契約の適正化の促進に関する法律（平成12年法律第127号）」を「入札契約適正化法」に改め、同項第2号中「の監理技術者が」を「の主任技術者又は監理技術者が主任技術者資格又は」に改め、「及び当該」の下に「主任技術者又は」を加え、同号及び同項第3号中「作成特定建設業者」を「作成建設業者」に改める。

建設業法施行規則等の一部を改正する省令

　第14条の3第1項中「特定建設業者は」を「建設業者は」に、「作成特定建設業者」を「作成建設業者」に改め、同条第2項及び第4項から第6項までの規定中「特定建設業者」を「建設業者」に改める。

　第14条の4第1項第3号中「イからへまで」の下に「及びチ」を加え、同条第4項から第8項まで及び第14条の5中「作成特定建設業者」を「作成建設業者」に改める。

　第14条の6第1号中「作成特定建設業者」を「作成建設業者」に改め、「又は氏名、」の下に「当該作成建設業者が置く主任技術者又は」を加える。

　第18条中「法人は」の下に「、公益財団法人JKA」を加え、「、日本小型自動車振興会、日本自転車振興会」を削る。

　第18条の3第1項に次の1号を加える。

　九　若年の技術者及び技能労働者の育成及び確保の状況

　第18条の4第2項中「前条第2項第2号」を「第18条の3第3項第2号ロ」に改める。

　第18条の5第1項第2号ロ中「証券取引法」を「金融商品取引法」に改め、同条第2項中「第18条の3第2項第2号」を「第18条の3第3項第2号ロ」に改める。

　第18条の7の表第7条の5、第7条の7第1項、第7条の15第6号、第7条の18第1号の項中「第18条の3第2項第2号」を「第18条の3第3項第2号ロ」に改める。

　第23条に次の2項を加える。

4　第1項の規定により国土交通大臣に届出をした建設業者団体は、同項に掲げる事項のほか、建設工事の担い手の育成及び確保その他の施工技術の確保に関する取組を実施している場合には、当該取組の内容を国土交通大臣に届け出ることができる。

5　国土交通大臣は、前項の規定による届出のあつた取組の内容が、建設工事の担い手の育成及び確保その他の施工技術の確保に資するものであり、かつ、法令に違反しないと認めるときは、当該取組が促進されるように必要な措置を講ずるものとする。

　第26条第2項第2号中「前項第3号ロ」を「前項第4号ロ」に改め、同条第5項中「作成特定建設業者」を「作成建設業者」に改める。

　第29条中「第27条の38」の下に「、法第27条の39第2項」を、「第41条」の下に「並びに第23条第5項」を加える。

　別記様式第1号中「役員及び営業所」を「役員等、営業所及び営業所に置く専任の技術者」に改め、同様式別紙1を次のように改める。

建設業法施行規則等の一部を改正する省令

別紙一 (用紙A4)

役員等の一覧表

平成　年　月　日

役員等の氏名及び役名等			
氏名 (フリガナ)	役名等	常勤・非常勤の別	経営業務の管理責任者

1　法人の役員、顧問、相談役又は総株主の議決権の100分の5以上を有する株主若しくは出資の総額の100分の5以上に相当する出資をしている者（個人であるものに限る。以下「株主等」という。）について記載すること。
2　「株主等」については、「役名等」の欄には「株主等」と記載することとし、「常勤・非常勤の別」の欄に記載することを要しない。
3　「経営業務の管理責任者」の欄には、当該役員等が経営業務の管理責任者に該当する場合に○を記入すること。

建設業法施行規則等の一部を改正する省令

別記様式第１号に次の別紙を加える。

別紙四

専任技術者一覧表

平成　年　月　日

営業所の名称	フリガナ 専任の技術者の氏名	建設工事の種類	有資格区分

建設業法施行規則等の一部を改正する省令

記載要領
1 「建設工事の種類」の欄は、建設業許可申請書（別記様式第一号）別紙二（1）「営業所一覧表（新規許可等）」又は別紙二（2）「営業所一覧表（更新）」の「営業しようとする建設業」の欄に記載した建設業のうち、記載する技術者が専任の技術者となる建設業に係る建設工事すべてについて、例えば「土－9」のように、次の分類に従い、該当する数字と次の表の（　）内に示された略号とを－（ハイフン）で結んで記載すること。
・一般建設業の場合
　「1」・・・・・・・法第7条第2号イ該当
　「4」・・・・・・・法第7条第2号ロ該当
　「7」・・・・・・・法第7条第2号ハ該当
・特定建設業の場合
　「2」・・・・・・・法第7条第2号イ及び法第15条第2号ロ該当
　「3」・・・・・・・法第15条第2号ハ該当（同号イと同等以上）
　「5」・・・・・・・法第7条第2号ロ及び法第15条第2号ロ該当
　「6」・・・・・・・法第15条第2号ハ該当（同号ロと同等以上）
　「8」・・・・・・・法第7条第2号ハ及び法第15条第2号ロ該当
　「9」・・・・・・・法第15条第2号イ該当

土木一式工事（土）	鋼構造物工事（鋼）	熱絶縁工事（絶）
建築一式工事（建）	鉄筋工事（筋）	電気通信工事（通）
大工工事（大）	ほ装工事（ほ）	造園工事（園）
左官工事（左）	しゅんせつ工事（しゅ）	さく井工事（井）
とび・土工・コンクリート工事（と）	板金工事（板）	建具工事（具）
石工事（石）	ガラス工事（ガ）	水道施設工事（水）
屋根工事（屋）	塗装工事（塗）	消防施設工事（消）
電気工事（電）	防水工事（防）	清掃施設工事（清）
管工事（管）	内装仕上工事（内）	
タイル・れんが・ブロツク工事（タ）	機械器具設置工事（機）	

2 「有資格区分」の欄は、記載する技術者が専任の技術者として該当する法第7条第2号及び法第15条第2号の区分（法第7条第2号ハに該当する者又は法第15条第2号イに該当する者については、その有する資格等の区分）について別表（二）の分類に従い、該当するコードを記載すること。

建設業法施行規則等の一部を改正する省令

　別記様式第2号記載要領11中「9」を「10」に改め、同記載要領を同様式記載要領12とし、同様式記載要領10中「9」を「10」に改め、同記載要領を同様式記載要領11とし、同様式記載要領9中「プレストレストコンクリート工事」を「プレストレストコンクリート構造物工事」に改め、同記載要領を同様式記載要領10とし、同様式記載要領6から同様式記載要領8までを1ずつ繰り下げ、同様式記載要領5の次に次のように加える。
6　「注文者」及び「工事名」の記入に際しては、その内容により個人の氏名が特定されることのないよう十分に留意すること。

　別記様式第4号中「　　　使用人数　　　」を「　平成　年　月　日　使用人数　　　」に改め、同様式記載要領2中「いい、労務者は含めないものとすること」を「いう」に改める。
　別記様式第6号中「役員」を「役員等」に改める。
　別記様式第7号に備考として次のように加える。
備考
　　経営業務の管理責任者の略歴については、別紙による。
　別記様式第7号に次の別紙を加える。

建設業法施行規則等の一部を改正する省令

別紙 (用紙A4)

経営業務の管理責任者の略歴書

現　住　所							
氏　　　名				生年月日		年　月　日生	
職　　　名							

	期　　間				従事した職務内容
職　歴	自	年	月	日	
	至	年	月	日	
	自	年	月	日	
	至	年	月	日	
	自	年	月	日	
	至	年	月	日	
	自	年	月	日	
	至	年	月	日	
	自	年	月	日	
	至	年	月	日	
	自	年	月	日	
	至	年	月	日	
	自	年	月	日	
	至	年	月	日	
	自	年	月	日	
	至	年	月	日	
	自	年	月	日	
	至	年	月	日	
	自	年	月	日	
	至	年	月	日	
	自	年	月	日	
	至	年	月	日	
	自	年	月	日	
	至	年	月	日	

	年　月　日	賞罰の内容
賞罰		

上記のとおり相違ありません。
　　平成　　年　　月　　日　　　　　　　　　氏名　　　　　　　　印

記載要領
※　「賞罰」の欄は、行政処分等についても記載すること。

建設業法施行規則等の一部を改正する省令

別記様式第8号(1)を別記様式第8号とする。

別記様式第8号(2)を削る。

別記様式第11号を次のように改める。

様式第十一号（第四条関係） (用紙A4)

建 設 業 法 施 行 令 第 3 条 に 規 定 す る 使 用 人 の 一 覧 表

平成　　年　　月　　日

営業所の名称	職　名	フリガナ／氏名

建設業法施行規則等の一部を改正する省令

別記様式第12号及び別記様式第13号を次のように改める。

様式第十二号（第四条関係） （用紙A4）

許可申請者 （法人の役員等／本人／法定代理人／法定代理人の役員等） の住所、生年月日等に関する調書

住　　　　所				
氏　　　　名		生年月日		年　月　日生
役　名　等				

	年　月　日	賞　罰　の　内　容
賞		
罰		

上記のとおり相違ありません。

　　　平成　　年　　月　　日　　　　　　　　氏名　　　　　　　印

記載要領
1 「（法人の役員等／本人／法定代理人／法定代理人の役員等）」については、不要のものを消すこと。
2 法人である場合においては、法人の役員、顧問、相談役又は総株主の議決権の100分の5以上を有する株主若しくは出資の総額の100分の5以上に相当する出資をしている者（個人であるものに限る。以下「株主等」という。）について記載すること。
3 株主等については、「役名等」の欄には「株主等」と記載することとし、「賞罰」の欄への記載並びに署名及び押印を要しない。
4 「賞罰」の欄は、行政処分等についても記載すること。
5 様式第7号別紙に記載のある者については、本様式の作成を要しない。

建設業法施行規則等の一部を改正する省令

様式第十三号（第四条関係）

(用紙A4)

建設業法施行令第3条に規定する使用人の住所、生年月日等に関する調書

現　住　所				
氏　　　名		生年月日	年　　月　　日生	
営業所名				
職　　　名				

	年　月　日	賞　罰　の　内　容
賞		
罰		

上記のとおり相違ありません。

　　　平成　　　年　　　月　　　日　　　　　　　　氏名　　　　　　　　印

記載要領
「賞罰」の欄は、行政処分等についても記載すること。

建設業法施行規則等の一部を改正する省令

　別記様式第15号記載要領中「100分の1」を「100分の5」に改める。
　別記様式第17号の2記載要領1中「会計方法」を「会計方針」に改める。
　別記様式第17号の3記載要領中「100分の1」を「100分の5」に改める。
　別記様式第18号記載要領6中「100分の1」を「100分の5」に改める。
　別記様式第22号の2中「{(1)商号又は名称　(2)営業所の名称、所在地又は業種　(3)資本金額　(6)支配人の氏名　(7)建設業法施行令第3条に規定する使用人　(4)役員の氏名　(5)個人業者の氏名}」を「{(1)商号又は名称　(2)営業所の名称、所在地又は業種　(3)資本金額　(4)役員等の氏名　(5)個人業者の氏名　(6)支配人の氏名　(7)建設業法施行令第3条に規定する使用人　(8){建設業法第7条第2号／建設業法第15条第2号}に規定する営業所に置かれる専任の技術者}」に改め、同様式記載要領1中「(7)」を「(8)」に改め、同様式記載要領20を同様式記載要領22とし、同様式記載要領9から同様式記載要領19までを2ずつ繰り下げ、同様式記載要領10として次のように加える。

10　届出の内容が、営業所の新設の場合には、「変更後」の欄に、当該営業所に専任で置かれる法第7条第2号又は第15条第2号に規定する技術者の氏名を記載し、「備考」の欄に当該営業所の名称を記載すること。

　別記様式第22号の2記載要領8を同様式記載要領9とし、同様式記載要領7の次に次のように加える。

8　届出の内容が、経営業務の管理責任者である役員等の氏名に係る場合には、「備考」の欄にその旨を記載すること。

　別記様式第25号の11別紙1記載要領4中「プレストレストコンクリート工事」を「プレストレストコンクリート構造物工事」に改め、同様式別紙2及び別紙3を次のように改める。

建設業法施行規則等の一部を改正する省令

別紙二

(用紙A4)

技術職員名簿

頁　　項番数 6 1　□□□ 頁

通番	新規掲載者	氏名	生年月日	審査基準日現在の満年齢	業種コード	有資格区分コード	講習受講	業種コード	有資格区分コード	講習受講	監理技術者資格者証交付番号
1			年　月　日		6 2						
2			年　月　日		6 2						
3			年　月　日		6 2						
4			年　月　日		6 2						
5			年　月　日		6 2						
6			年　月　日		6 2						
7			年　月　日		6 2						
8			年　月　日		6 2						
9			年　月　日		6 2						
10			年　月　日		6 2						
11			年　月　日		6 2						
12			年　月　日		6 2						
13			年　月　日		6 2						
14			年　月　日		6 2						
15			年　月　日		6 2						
16			年　月　日		6 2						
17			年　月　日		6 2						
18			年　月　日		6 2						
19			年　月　日		6 2						
20			年　月　日		6 2						
21			年　月　日		6 2						
22			年　月　日		6 2						
23			年　月　日		6 2						
24			年　月　日		6 2						
25			年　月　日		6 2						
26			年　月　日		6 2						
27			年　月　日		6 2						
28			年　月　日		6 2						
29			年　月　日		6 2						
30			年　月　日		6 2						

建設業法施行規則等の一部を改正する省令

記載要領
1 この名簿は、[0][4]「審査基準日」に記入した日（以下「審査基準日」という。）において在籍する技術職員（第18条の3第2項第1号又は第2号に該当する者。以下同じ。）に該当する者全員について作成すること。なお、一人の技術職員につき技術職員として申請できる建設業の種類の数は2までとする。
2 □□□□で表示された枠（以下「カラム」という。）に記入する場合は、1カラムに1文字ずつ丁寧に、かつ、カラムからはみ出さないように数字を記入すること。例えば□□[1][2]のように右詰めで記入すること。
3 [6][1]「頁数」の欄は、頁番号を記入すること。例えば技術職員名簿の枚数が3枚目であれば[0][0][3]、12枚目であれば[0][1][2]のように、カラムに数字を記入するに当たって空位のカラムに「0」を記入すること。
4 「新規掲載者」の欄は、審査対象年内に新規に技術職員となった者につき、○印を記入すること。
5 「審査基準日現在の満年齢」の欄は、当該技術職員の審査基準日時点での満年齢を記入すること。
6 「業種コード」の欄は、経営規模等評価等対象建設業のうち、技術職員の数の算出において対象とする建設業の種類を次の表から2つ以内で選び該当するコードを記入すること。

コード	建設業の種類	コード	建設業の種類	コード	建設業の種類
01	土木工事業	11	鋼構造物工事業	21	熱絶縁工事業
02	建築工事業	12	鉄筋工事業	22	電気通信工事業
03	大工工事業	13	ほ装工事業	23	造園工事業
04	左官工事業	14	しゅんせつ工事業	24	さく井工事業
05	とび・土工工事業	15	板金工事業	25	建具工事業
06	石工事業	16	ガラス工事業	26	水道施設工事業
07	屋根工事業	17	塗装工事業	27	消防施設工事業
08	電気工事業	18	防水工事業	28	清掃施設工事業
09	管工事業	19	内装仕上工事業		
10	タイル・れんが・ブロック工事業	20	機械器具設置工事業		

7 「有資格区分コード」の欄は、技術職員が保有する資格のうち、「業種コード」の欄で記入したコードに対応する建設業の種類に係るものについて別表（四）及び別表（五）の分類に従い、該当するコードを記入すること。
8 「講習受講」の欄は、建設業法第15条第2号イに該当する者が、法第27条の18第1項の規定により監理技術者資格者証の交付を受けている場合であつて、法第26条の4から第26条の6までの規定により国土交通大臣の登録を受けた講習を受講した場合は「1」を、その他の場合は「2」を記入すること。
9 「監理技術者資格者証交付番号」の欄は、法第27条の18第1項の規定により監理技術者資格者証の交付を受けている者についてその交付番号を記入すること。

建設業法施行規則等の一部を改正する省令

別紙三

(用紙A4)

その他の審査項目（社会性等）

労働福祉の状況

項目	項番	選択肢
雇用保険加入の有無	41 □	〔1.有、2.無、3.適用除外〕
健康保険加入の有無	42 □	〔1.有、2.無、3.適用除外〕
厚生年金保険加入の有無	43 □	〔1.有、2.無、3.適用除外〕
建設業退職金共済制度加入の有無	44 □	〔1.有、2.無〕
退職一時金制度若しくは企業年金制度導入の有無	45 □	〔1.有、2.無〕
法定外労働災害補償制度加入の有無	46 □	〔1.有、2.無〕

建設業の営業継続の状況

営業年数　47 □□□ （年）

初めて許可（登録）を受けた年月日	休業等期間	備考（組織変更等）
昭和／平成　年　月　日	年　か月	

民事再生法又は会社更生法の適用の有無　48 □ 〔1.有、2.無〕

再生手続又は更生手続開始決定日	再生計画又は更生計画認可日	再生手続又は更生手続終結決定日
平成　年　月　日	平成　年　月　日	平成　年　月　日

防災活動への貢献の状況

防災協定の締結の有無　49 □ 〔1.有、2.無〕

法令遵守の状況

営業停止処分の有無　50 □ 〔1.有、2.無〕

指示処分の有無　51 □ 〔1.有、2.無〕

建設業の経理の状況

監査の受審状況　52 □ 〔1.会計監査人の設置、2.会計参与の設置、3.経理処理の適正を確認した旨の書類の提出、4.無〕

公認会計士等の数　53 □,□□□ （人）

二級登録経理試験合格者の数　54 □,□□□ （人）

研究開発の状況

研究開発費（2期平均）　55 □,□□□,□□□ （千円）

審査対象事業年度	審査対象事業年度の前審査対象事業年度
□□□,□□□,□□□ （千円）	□□□,□□□,□□□ （千円）

建設機械の保有状況

建設機械の所有及びリース台数　56 □□□ （台）

国際標準化機構が定めた規格による登録の状況

ISO9001の登録の有無　57 □ 〔1.有、2.無〕

ISO14001の登録の有無　58 □ 〔1.有、2.無〕

若年の技術者及び技能労働者の育成及び確保の状況

		技術職員数（A）	若年技術職員数（B）	若年技術職員の割合(B／A)
若年技術職員の継続的な育成及び確保	59 □ 〔1.該当、2.非該当〕	（人）	（人）	（％）

		新規若年技術職員数（C）	新規若年技術職員の割合(C／A)
新規若年技術職員の育成及び確保	60 □ 〔1.該当、2.非該当〕	（人）	（％）

建設業法施行規則等の一部を改正する省令

記載要領
1 □□□で表示された枠（以下「カラム」という。）に記入する場合は、1カラムに1文字ずつ丁寧に、かつ、カラムからはみ出さないように数字を記入すること。例えば□□12のように右詰めで記入すること。
2 ④①「雇用保険加入の有無」の欄は、その雇用する労働者が雇用保険の被保険者となったことについて公共職業安定所の長に対する届出を行っている場合は「1」を、行っていない場合は「2」を、従業員が1人も雇用されていない場合等の雇用保険の適用が除外される場合は「3」を記入すること。
3 ④②「健康保険加入の有無」の欄は、従業員が健康保険の被保険者の資格を取得したことについての日本年金機構又は健康保険組合に対する届出を行っている場合は「1」を、行っていない場合は「2」を、従業員が4人以下である個人事業主である場合等の健康保険の適用が除外される場合は「3」を記入すること。
4 ④③「厚生年金保険加入の有無」の欄は、従業員が厚生年金保険の被保険者の資格を取得したことについての日本年金機構に対する届出を行っている場合は「1」を、行っていない場合は「2」を、従業員が4人以下である個人事業主である場合等の厚生年金保険の適用が除外される場合は「3」を記入すること。
5 ④④「建設業退職金共済制度加入の有無」の欄は、審査基準日において、勤労者退職金共済機構との間で、特定業種退職金共済契約を締結している場合は「1」を、締結していない場合は「2」を記入すること。
6 ④⑤「退職一時金制度若しくは企業年金制度導入の有無」の欄は、審査基準日において、次のいずれかに該当する場合は「1」を、いずれにも該当しない場合は「2」を記入すること。
 (1) 労働協約若しくは就業規則に退職手当の定めがあること又は退職手当に関する事項についての規則が定められていること。
 (2) 勤労者退職金共済機構との間で特定業種退職金共済契約以外の退職金共済契約が締結されていること。
 (3) 所得税法施行令に規定する特定退職金共済団体との間で退職金共済についての契約が締結されていること。
 (4) 厚生年金基金が設立されていること。
 (5) 法人税法に規定する適格退職年金の契約が締結されていること。
 (6) 確定給付企業年金法（平成13年法律第50号）に規定する確定給付企業年金が導入されていること。
 (7) 確定拠出年金法（平成13年法律第88号）に規定する企業型年金が導入されていること。
7 ④⑥「法定外労働災害補償制度加入の有無」の欄は、審査基準日において、（公財）建設業福祉共済団、（一社）建設業労災互助会、全日本火災共済協同組合連合会、（一社）全国労働保険事務組合連合会又は保険会社との間で、労働者災害補償保険法（昭和22年法律第50号）に基づく保険給付の基因となった業務災害及び通勤災害（下請負人に係るものを含む。）に関する給付についての契約を、締結している場合は「1」を、締結していない場合は「2」を記入すること。
8 ④⑦「営業年数」の欄は、審査基準日までの建設業の営業年数（建設業の許可又は登録を受けて営業を行っていた年数をいい、休業等の期間を除く。ただし、平成23年4月1日以降の申立てに係る再生手続開始の決定又は更生手続開始の決定を受け、かつ、再生手続終結の決定又は更生手続終結の決定を受けてから営業を行っていた年数をいい、休業等の期間を除く。）を記入し、表内の年号については不要のものを消すこと。
9 ④⑧「民事再生法又は会社更生法の適用の有無」の欄は、平成23年4月1日以降の申立てに係る再生手続開始の決定又は更生手続開始の決定を受け、かつ、再生手続終結の決定又は更生手続終結の決定を受けていない場合は「1」を、その他の場合は「2」を記入すること。
10 ④⑨「防災協定の締結の有無」の欄は、審査基準日において、国、特殊法人等（公共工事の入札及び契約の適正化の促進に関する法律第2条第1項に規定する特殊法人等）又は地方公共団体との間で、防災活動に関する協定を締結している場合は「1」を、締結していない場合は「2」を記入すること。
11 ⑤⓪「営業停止処分の有無」の欄は、審査対象年において、法第28条の規定による営業の停止を受けたことがある場合は「1」を、受けたことがない場合は「2」を記入すること。
12 ⑤①「指示処分の有無」の欄は、審査対象年において、法第28条の規定による指示を受けたことがある場合は「1」を、受けたことがない場合は「2」を記入すること。
13 ⑤②「監査の受審状況」の欄は、審査基準日において、会計監査人の設置を行っている場合は「1」を、会計参与の設置を行っている場合は「2」を、公認会計士、会計士補及び税理士並びにこれらとなる資格を有する者並びに一級登録経理試験の合格者が経理処理の適正を確認した旨の書類に自らの署名を付したものを提出している場合は「3」を、いずれにも該当しない場合は「4」を記入すること。
14 ⑤③「公認会計士等の数」及び⑤④「二級登録経理試験合格者の数」の欄のうち、公認会計士等の数については、公認会計士、会計士補及び税理士並びにこれらとなる資格を有する者並びに一級登録経理試験の合格者の人数の合計を記入すること。
15 ⑤⑤「研究開発費（2期平均）」の欄は、審査対象事業年度及び審査対象事業年度の前審査対象事業年度における研究開発費の額の平均の額を記入すること。ただし、会計監査人設置会社以外の建設業者はカラムに「0」を記入すること。また、表内のカラムに審査対象事業年度及び審査対象事業年度の前審査対象事業年度における研究開発費の額を記入すること。
16 ⑤⑥「建設機械の所有及びリース台数」の欄は、審査基準日において、自ら所有し、又はリース契約（審査基準日から1年7月以上の使用期間が定められているものに限る。）により使用する建設機械抵当法施行令（昭和29年政令第294号）別表に規定するショベル系掘削機、ブルドーザー、トラクターショベル及びモーターグレーダー、土砂等を運搬する大型自動車による交通事故の防止等に関する特別措置法（昭和42年法律第131号）第2条第2項に規定する大型自動車のうち、同法第3条第1項第2号に規定する経営する事業の種類として建設業を届け出、かつ、同項の規定による表示番号の指定を受けているもの並びに労働安全衛生法施行令（昭和47年政令第318号）第12条第1項第4号に規定するつり上げ荷重が三トン以上の移動式クレーンについて、台数の合計を記入すること。

— 207 —

建設業法施行規則等の一部を改正する省令

17 [5][7]「ISO9001の登録の有無」の欄は、審査基準日において、国際標準化機構第9001号の規格により登録されている場合（登録範囲に建設業が含まれていない場合及び登録範囲が一部の支店等に限られている場合を除く。）は「1」を、登録されていない場合は「2」を記入すること。

18 [5][8]「ISO14001の登録の有無」の欄は、審査基準日において、国際標準化機構第14001号の規格により登録されている場合（登録範囲に建設業が含まれていない場合及び登録範囲が一部の支店等に限られている場合を除く。）は「1」を、登録されていない場合は「2」を記入すること。

19 [5][9]「若年技術職員の継続的な育成及び確保」の欄は、審査基準日において、満35歳未満の技術職員の人数が技術職員の人数の合計の15％以上に該当する場合は「1」を、該当しない場合は「2」を記入すること。また、「技術職員数」の欄には別紙二の技術職員名簿に記載した技術職員の合計人数を、「若年技術職員数」の欄には、審査基準日において満35歳未満の技術職員の人数を、「若年技術職員の割合」の欄には「若年技術職員数」の欄に記載した数値を「技術職員数」の欄に記載した数値で除した数値を百分率で表し、記載すること。

20 [6][0]「新規若年技術職員の育成及び確保」の欄は、審査基準日において、満35歳未満の技術職員のうち、審査対象事業年度内に新規に技術職員となつた人数が技術職員の人数の合計の1％以上に該当する場合は「1」を、該当しない場合は「2」を記入すること。また、「新規若年技術職員数」の欄には、別紙二の技術職員名簿に記載された技術職員のうち、「新規掲載者」欄に○が付され、審査基準日において満35歳未満のものの人数を、「新規若年技術職員の割合」欄には「新規若年技術職員数」の欄に記載した数値を前項「技術職員数」の欄に記載した数値で除した数値を百分率で表し、記載すること。

　　記入すべき金額は、千円未満の端数を切り捨てて表示すること。
　　ただし、会社法（平成17年法律第86号）第2条第6号に規定する大会社にあつては、百万円未満の端数を切り捨てて表示することができる。ただし、研究開発費（2期平均）を計算する際に生じる百万円未満の端数については切り捨てずにそのまま記入すること。
　　記入すべき割合は、小数点第2位以下の端数を切り捨てて表示すること。

建設業法施行規則等の一部を改正する省令

別記様式第25号の12を次のように改める。

建設業法施行規則等の一部を改正する省令

別表㈡中

「
71	建築大工（1級）	
	〃　（2級）	3年
72	左官（1級）	
	〃　（2級）	3年
73	とび・とび工・型枠施工・コンクリート圧送施工（1級）	
	〃　〃　〃　〃　（2級）	3年
」を

「
71	建築大工（1級）	
	〃　（2級）	3年
64	型枠施工（1級）	
	〃　（2級）	3年
72	左官（1級）	
	〃　（2級）	3年
73	とび・とび工・コンクリート圧送施工（1級）	
	〃　〃　〃　（2級）	3年
」に、

「
76	配管・配管工（1級）	
	〃　〃　（2級）	3年
77	タイル張り・タイル張り工（1級）	
	〃　〃　（2級）	3年
」を

「
76	配管・配管工（1級）	
	〃　〃　（2級）	3年
70	建築板金「ダクト板金作業」（1級）	
	〃　（2級）	3年
77	タイル張り・タイル張り工（1級）	
	〃　〃　（2級）	3年
」に、「・建築板金」を「・建築板金「内外装板金作業」」に改める。

建設業法施行規則等の一部を改正する省令

別表(四)中

「
171	建築大工（1級）	
271	〃　（2級）	3年
172	左官（1級）	
272	〃　（2級）	3年
173	とび・とび工・型枠施工・コンクリート圧送施工（1級）	
273	〃　〃　〃　〃　（2級）	3年
」を

「
171	建築大工（1級）	
271	〃　（2級）	3年
164	型枠施工（1級）	
264	〃　（2級）	3年
172	左官（1級）	
272	〃　（2級）	3年
173	とび・とび工・コンクリート圧送施工（1級）	
273	〃　〃　〃　（2級）	3年
」に、

「
176	配管・配管工（1級）	
276	〃　〃　（2級）	3年
177	タイル張り・タイル張り工（1級）	
277	〃　〃　（2級）	3年
」を

「
176	配管・配管工（1級）	
276	〃　〃　（2級）	3年
170	建築板金「ダクト板金作業」（1級）	
270	〃　（2級）	3年
177	タイル張り・タイル張り工（1級）	
277	〃　〃　（2級）	3年
」に、「・建築板金」を「・建築板金「内外装板金作業」」に改める。

（浄化槽工事業に係る登録等に関する省令の一部改正）

第2条　浄化槽工事業に係る登録等に関する省令（昭和60年建設省令第6号）の一部を次のように改正する。

建設業法施行規則等の一部を改正する省令

　第3条第1項第1号中「いう」を「いい、相談役、顧問その他いかなる名称を有する者であるかを問わず、法人に対し業務を執行する社員、取締役、執行役又はこれらに準ずる者と同等以上の支配力を有するものと認められる者を含む」に改め、同項第3号及び第4号中「略歴を記載した書面」を「住所、生年月日等に関する調書」に改め、同条第3項中「略歴書」を「調書」に改める。

　第8条第3号中「略歴を記載した書面」を「住所、生年月日等に関する調書」に改める。

　別記様式第1号中「準ずる者」を「準ずる者をいい、相談役、顧問及び総株主の議決権の100分の5以上を有する株主又は出資の総額の100分の5以上に相当する出資をしている者（個人であるものに限る。）を含む。」に、「役名」を「役名等」に改め、備考3を備考4とし、備考2の次に次のように加える。

3　総株主の議決権の100分の5以上を有する株主又は出資の総額の100分の5以上に相当する出資をしている者については、「役名等」の欄には「株主等」と記載することとする。

　別記様式第3号及び別記様式第4号を次のように改める。

建設業法施行規則等の一部を改正する省令

別記様式第3号（第3条関係）　　　　　　　　　　　　　　　　　　　　　　　　　　　　　　　　（A4）

工事業登録申請者 ⎧ 法 人 の 役 員 ⎫ の調書
　　　　　　　　 ⎪ 本　　　　　人 ⎪
　　　　　　　　 ⎨ 法 定 代 理 人 ⎬
　　　　　　　　 ⎩ 法定代理人の役員 ⎭

現住所	郵便番号（　-　）　　　　　　　　　　　　　　　　　　　　　　　電話番号（　）-		
フリガナ 氏　名		生年月日	年　月　日生
職　名		最終学歴	
賞罰	年月日	賞　罰　の　内　容	
	上記のとおり相違ありません。 　　　　年　月　日 　　　　　　　　　　　　　　　　　　　氏名　　　　　　　　　　　　　印		

備考
1　⎧ 法 人 の 役 員 ⎫　については、不要のものを消すこと。
　 ⎪ 本　　　　　人 ⎪
　 ⎨ 法 定 代 理 人 ⎬
　 ⎩ 法定代理人の役員 ⎭

2　総株主の議決権の100分の5以上を有する株主又は出資の総額の100分の5以上に相当する出資をしている者については、「職名」の欄には「株主等」と記載することとし、「賞罰」の欄への記載を要さない。

3　「賞罰」の欄には、行政処分等についても記載すること。

建設業法施行規則等の一部を改正する省令

別記様式第4号（第3条関係）

(A4)

浄化槽設備士の調書

現住所	郵便番号（　-　）				
				電話番号（　）-	
フリガナ 氏　名			生年月日	年　月　日生	
営業所名			最終学歴		
職　名					
賞罰	年月日	賞　罰　の　内　容			

上記のとおり相違ありません。
　　　年　月　日

氏名　　　　　　　　　印

備　考
　「賞罰」の欄には、行政処分等についても記載すること。

建設業法施行規則等の一部を改正する省令

　別記様式第五号中「(業務を執行する社員、取締役、執行役又はこれらに準ずる者)」を削り、「役名」を「役名等」に改め、同様式表面に備考として次のように加える。
　備考
　　総株主の議決権の100分の5以上を有する株主又は出資の総額の100分の5以上に相当する出資をしている者については、「役名等」の欄には「株主等」と記載することとする。
　(解体工事業に係る登録等に関する省令の一部改正)
第3条　解体工事業に係る登録等に関する省令（平成13年国土交通省令第92号）の一部を次のように改正する。

　第4条第1項第1号中「をいう」を「をいい、相談役、顧問その他いかなる名称を有する者であるかを問わず、法人に対し業務を執行する社員、取締役、執行役又はこれらに準ずる者と同等以上の支配力を有するものと認められる者を含む」に改め、同項第3号中「略歴を記載した書面」を「住所、生年月日等に関する調書」に改め、同条第5項中「略歴書」を「調書」に改める。

　別記様式第1号中「準ずる者」を「準ずる者をいい、相談役、顧問及び総株主の議決権の100分の5以上を有する株主又は出資の総額の100分の5以上に相当する出資をしている者（個人であるものに限る。）を含む。」に、「役名」及び「役職」を「役名等」に改め、備考3を備考4とし、備考2の次に次のように加える。
3　総株主の議決権の100分の5以上を有する株主又は出資の総額の100分の5以上に相当する出資をしている者については、「役名等」の欄には「株主等」と記載することとする。
　別記様式第4号を次のように改める。

建設業法施行規則等の一部を改正する省令

別記様式第4号（第4条関係） (A4)

登録申請者 ｛法人の役員／本人／法定代理人／法定代理人の役員｝ の調書

現住所	郵便番号（ - ）　　　　　　　　　　　　　　　　電話番号（ ） -
フリガナ 商号、名称又は氏名	生年月日

賞罰	年月日	賞罰の内容

上記のとおり相違ありません。
　　年　月　日

　　　　　　　　　　　　　　　　　　　　　　　　　氏名　　　　　　　　　　印

備考
1 ｛法人の役員／本人／法定代理人／法定代理人の役員｝ については、不要のものを消すこと。

2 総株主の議決権の100分の5以上を有する株主又は出資の総額の100分の5以上に相当する出資をしている者については、「賞罰」の欄への記載を要さない。

3 「生年月日」の欄は、登録申請者が法人である場合は記載しないこと。

4 「賞罰」の欄には、行政処分等についても記載すること。

建設業法施行規則等の一部を改正する省令

　別記様式第5号中「(業務を執行する社員、取締役、執行役又はこれらに準ずる者)」を削り、「役名」を「役名等」に改め、同様式表面に備考として次のように加える。
　備考
　　　総株主の議決権の100分の5以上を有する株主又は出資の総額の100分の5以上に相当する出資をしている者については、「役名等」の欄には「株主等」と記載することとする。
　　　附　則
この省令は、建設業法等の一部を改正する法律の施行の日（平成27年4月1日）から施行する。

13. 当面講ずべき施策のとりまとめ

> 平成26年1月
> 中央建設業審議会
> 社会資本整備審議会産業分科会
> 建設部会基本問題小委員会

　平成25年7月以降、中央建設業審議会・社会資本整備審議会産業分科会建設部会基本問題小委員会（以下「小委員会」という。）においては、建設産業や入札契約制度を巡る課題に対応すべく、「インフラの品質確保とその担い手の確保に係る施策」「業種区分の見直しの検討」「社会保険未加入問題等への対策」等の議題について、計4回にわたり審議を行ってきたところである。課題への対応策については、中長期的に検討が必要なものもあるが、小委員会としてなるべく早い時期に講ずるべきと考える施策を「当面講ずべき施策」として以下のとおりまとめるものである。

1．インフラの品質確保とその担い手の確保に係る施策
(1) 審議の経緯
　近年、建設投資が大幅に減少し、一般競争入札方式の適用が拡大する中、受注競争が過度に激化し、ダンピング受注、下請へのしわ寄せ等により現場の技能者等の処遇悪化や若年入職者の減少と高齢化の進行による将来の現場の担い手不足への懸念が増大するとともに、地域の社会資本の維持管理、災害対応等に支障が生じるおそれが出てきている。

　また、発注者側においても、スキル・マンパワーが不足してきていることに加え、入札契約方式が硬直的で時代のニーズや政策目的に対応しきれていない、また、将来にわたる公共工事の品質確保とその中長期的な担い手の確保の視点が不十分ではないかとの懸念も生じている。

　これらの課題に対応するため、現場を支えインフラの品質確保を担う技術者、技能労働者等の確保・育成、今後のインフラメンテナンスや災害対応が的確に行える安定的なシステムづくり、ダンピング対策の強化や適正価格での契約の推進、時代のニーズや事業の特性に応じた多様な入札契約方式の導入と活用等について、公共工事の入札契約における透明性、公正性、必要かつ十分な競争性の確保に留意しつつ検討を行った。

　その結果、公共工事の基本となる「公共工事の品質確保の促進に関する法律（品確法）」（平成17年に議員立法で制定）を中心に、密接に関連する「公共工事の入札及び契約の適正化の促進に関する法律(入契法)」、「建設業法」についても一体として必要な改正を行い、担い手の確保を実現することが必要との結論に至った。検討結果は以下のとおりである。

(2) インフラの品質確保とその担い手確保のための入札契約制度の改革

当面講ずべき施策のとりまとめ

① 将来にわたる公共工事の品質確保と中長期的な担い手の確保への配慮
　将来にわたって公共工事の品質とその中長期的な担い手が確保されるためには、以下が明確化され、国、地方公共団体、発注者、受注者が共通の認識のもと、それぞれの役割を的確に果たしていくことが望まれる。
　・個々の公共工事の品質確保に加え、その担い手を中長期的に確保する必要があり、公共工事の発注者はそれに配慮すること
　・点検、診断、維持、修繕等の維持管理を適切に行うこと
　・災害対応をはじめとする地域維持の担い手、体制を確保すること
　・ダンピング受注を防止すること
　・元請から下請、技能労働者まで施工体制全体の持続性が確保されること
　・工事の品質確保に不可欠である調査（点検・診断を含む。）・設計業務の品質を、知識・技術を有する者の能力の適切な評価とその活用により確保すること
　・現在のみならず中長期的な品質確保のための施工力・技術力の維持向上にも資するとの観点から、入札契約の各段階で、若手技術者や技能労働者等の確保・育成の状況、建設機械保有の状況等について評価等を行うこと

② 事業の特性等に応じて選択できる多様な入札契約方式の導入・活用
　これまでは、入札契約における不正行為の防止のため、指名競争から一般競争へ移行し、あわせて公共工事の品質を確保するために価格以外の技術的要素を重視する総合評価方式を拡充してきたが、入札契約方式が画一的、硬直的で時代のニーズや政策目的に対応しきれていないこと、総合評価方式の導入に伴って受発注者の過重な負担を招いたこと、必ずしも民間の技術やノウハウを最大限活用出来ていないこと、建設投資の大幅な減少、一般競争方式の適用が拡大する中、受注競争の過度の激化による地域の建設産業の疲弊や担い手不足に対して十分な対応ができなかったこと等の課題が生じている。
　公共工事の品質確保とその担い手確保のためには、引き続き、透明性、公正性、必要かつ十分な競争性の確保を前提としつつ、発注者の能力や体制を踏まえ、事業の特性や地域の実情等に応じて多様な入札契約方式の中から最も適切な入札契約方式が選択されることが必要である。また、施工技術の進展、現場や時代のニーズに応じて、より適切な入札契約方式の導入に向けた更なる検討が進められることも望まれる。
　発注者による適切な入札契約方式の選択を可能とするためには、多様な入札契約方式（※）を体系的に位置づけ、その導入・活用を図る必要がある。併せて発注体制が十分でない発注者への支援強化や発注者間での連携体制強化、各発注者における施工状況の評価資料等の集積・共有・活用を図ることが求められる。
　その際、国は、各発注者が事業の特性等に応じた入札契約方式を選択できるよう適切な運用のための指針を策定することや、地方公共団体によるモデル的な取組を支援し、当該取組の検証結果を前述の指針に反映させること等の積極的な対応を行うことが望まれる。
　※多様な入札契約方式の例
　・技術提案競争・交渉方式（仮称）、受発注者の負担軽減に資する段階選抜方式や総合評価落札方式の二極化等の推進、契約の透明性を高める方式、CM方式など発注者支援に

資する方式、複数年度契約、複数工種・工区等一括発注、事業協同組合等による共同受注方式等

③ 発注者の責務の明確化

公共工事の品質確保とその担い手が中長期的に確保されるためには、手抜き工事や下請けへのしわ寄せ、労働条件の悪化等が防止されるとともに、技術者・技能労働者等の雇用・育成等が可能となるような環境整備が必要であり、そのためには、予定価格を市場価格等を的確に反映して適正に設定すること、低入札調査基準や最低制限価格の適切な設定等によるダンピング防止の徹底、債務負担行為の活用等による発注の平準化、適切な工期の設定や円滑な設計変更等の推進が必要不可欠である。その際は、国、地方公共団体等の発注者間の連携を強化して取り組むことが求められる。

また、将来にわたる品質確保の観点から、工事完成後においても必要に応じて施工状況の確認・評価等を行うことも考えられる。

以上の取組については、公共工事の基本法としての性格を有する品確法(平成17年に議員立法で制定)の改正とその適切な運用により措置されることが望まれる。

(3) 担い手確保のための制度・施策の強化

国土交通省は、現場の技術者や技能労働者等の減少などの状況に対応すべく、公共工事設計労務単価の適切な設定(平成25年4月大幅引上げ)とこれを契機とした建設就業者の処遇改善、低入札価格調査制度の充実・強化(同5月:低入札価格調査基準引上げ)、早期資格取得に資する技術検定試験の受検資格要件の緩和などをはじめとした担い手確保のための取組を進めているところである。

現場の担い手確保、すなわち技術者や技能労働者等を雇用し、育成していくためには、適正な利潤を含む価格で契約が締結されることがその前提として必要であることから、上記取組の推進に加え、適正な積算基準の設定、いわゆる歩切りの根絶や一定の価格を下回る入札を失格とする価格による失格基準の活用、元下間では法定福利費を内訳明示した標準見積書の活用等を推進する必要がある。また、中長期的な事業の見通しが示されるようにすることも望まれる。

更に、入契法、建設業法の改正も含め検討すべき事項として、ダンピング防止を徹底するため、ダンピング防止を公共工事の入札契約適正化の柱として法制度上も明確に位置づけ、あわせて見積能力のない業者が積算もせず最低制限価格で入札するなどの事態を排除するため、入札の際に入札金額の内訳を提出させることが必要である。また、技術者や技能労働者等の育成などに係る建設業者団体の自主的な取組を促進するような仕組みも有用と考えられる。

(4) 適正な競争性等の確保、適正な施工確保の徹底のための対策

インフラの品質確保とその担い手確保に係る対策を講じていく上でも、入札契約における透明性、公正性、必要かつ十分な競争性と工事の適正な施工が確保されることは必須である。

このため、不良不適格業者の排除を徹底すべく、暴力団員であること等を建設業の許可(建

設業の一部である解体工事業及び浄化槽工事業の登録も含む。）に係る欠格要件及び取消事由に追加するとともに、公共工事の発注者は、受注者が暴力団員であること等が判明した場合、許可行政庁へ通知をすることとし、許可行政庁と発注者が協力して暴力団排除の徹底を図ることが必要である。

また、談合防止の徹底のため、発注者は、入札の際に提出させる入札金額の内訳書（(3)参照）について、談合防止の観点からも確認を行うことが求められる。

加えて、近年増加している維持修繕等の小規模工事も含めて施工体制の把握を徹底することで手抜き工事や一括下請負などを防止するため、公共工事の受注者は、下請契約を締結する場合にはその金額にかかわらず施工体制台帳を作成し（現在は原則下請金額3000万円以上の場合。）、発注者に提出することが求められる。

更に、維持更新時代の到来とストックの増加、環境重視等建設業を取り巻く社会情勢が変化するとともに、建設工事の内容が変化し、専門技術が進展していることを踏まえ、施工実態に合わせた技術者を適正に配置するため、建設業の許可に係る業種区分の見直しを適切に行うことが求められる(詳細は２．参照)。

以上の措置については、入契法、建設業法等の法律改正も含め検討していくことが必要である。

運用面においては、予定価格等を入札前に公表すると、建設業者の見積努力を損なわせること、入札談合が容易に行われる可能性があること等の弊害があることから、事後公表化を推進することが望まれる。そのほか、取引の適正化のための相談機能の強化、社会保険未加入業者への指導監督の徹底、関係部局とも連携した調査の実施等により、適正な競争環境の整備や不正行為の排除を推進していくことも重要である。

２．業種区分の見直しの検討

(1) 審議の経緯

現在の業種区分は、施工技術の相違や取引慣行、業界の実態等を勘案して昭和46年に設定されたものである。その後、維持更新時代の到来（ストックの増加）、環境重視等建設業を取り巻く社会情勢が変化するとともに、建設工事の内容が変化し、専門技術が進展しているものの、取引実態等からみれば概ね安定的に機能してきた。

しかしながら、近年、粗漏工事や重大な公衆災害が発生している工種も見受けられることから、下記の基本的考え方に基づき、早急に業種区分の新設が必要なものを検討した。検討にあたっては、業種区分の新設が、工事の品質確保に効果がある反面、新設業種に対応した技術者の確保・配置など規制の強化につながる等の影響があることを考慮して検討した。

(2) 業種区分の見直しの基本的考え方

今回の業種区分の見直しに際しては、以下のとおり、見直しの基本的考え方を整理した。
まず、前提として、

① 規制の強化等の影響や社会的負担の増加と比較考量しても、粗漏工事のリスク低減など適正な施工の確保又は社会的課題に顕著な効果が見込まれること。

その上で、
② 当該工事に必要な技術が専門化しており、また、対応する技術者資格等が設定できること。
③ 現在、ある程度の市場規模があり、今後とも工事量の増加が見込まれること。
が必要であると考えられる。
また、長い間に形成されてきた商慣行等の秩序を乱す恐れもあるため、業界内での意見調整、準備の熟度が高まっていることが必要である。

(3) 業種区分の見直しの方針
　今回の見直しについては、建設業者団体等からヒアリング等を行い、上記考え方に照らして検討を行った。その結果、解体工事については、重大な公衆災害の発生や環境等の視点からの課題が大きく、業種新設によって、必要となる実務経験や資格を有し安全管理、施工方法、法令等により精通した技術者の配置や適切な施工管理が行われることにより、課題解決に向けて顕著な効果が期待される。
　次に技術者資格等の観点では、解体工事は、一定の技術基準があるなど技術が専門化しており、また、現行の解体工事施工技士資格の普及状況等を踏まえると、対応する技術者資格の設定は可能である。
　更に市場規模の面についても、今後、高度経済成長期以降に建設された建築物等が老朽化するため一定の工事量が見込まれる。
　従って、現在、施工管理の不備等による事故が発生している等の状況に鑑み、可能な限り早期に「解体工事」について、業種区分を新設し、現行の「とび・土工・コンクリート工事」から、「工作物の解体」を分離独立させることが妥当と考えられる。

(4) 工事の内容、例示等
　工事の内容、例示等については、建設業者団体等を通じて確認された施工実態や取引実態等の現状に鑑み、早期に告示、ガイドラインの一部を改正する必要がある。
　今後も、施工実態や取引実態の変化、施工技術の進歩等を速やかに反映する必要があるため、機動的に見直すべきである。

(5) 更なる検討について
　当面行うべき対応については、(3)、(4)のとおりであるが、今回の建設業者団体等からのヒアリング等を通じて以下のような意見が寄せられた。
　・特段の支障は発生していないが、多種多様な工事が含まれる業種がある一方、工事量が少なくなってきている業種があるなど、全体としてアンバランスで国民から分かりにくいのではないか。
　・高度な専門的技術の推進など、建設業者団体のモチベーションの向上を図ることも、適正な施工を図る上で重要ではないか。
　・建築物の改修や下水道管路の更生など、本格的な維持管理更新時代を迎えて工事量の拡

大が見込まれる工種もあり、施工の適正化のための取り組みを推進すべきではないか。
・現場の課題の中には、業種区分では対応出来ないものの建設業に関する施策と他分野との連携により対応すべきものもあるのではないか。

こういった意見が寄せられていることを踏まえ、今後、関係方面の取り組みも考慮しつつ、今回の業種区分の見直しにあたって整理した基本的考え方の在り方も含め、業種区分の在り方を引き続き議論するとともに、更に、建設業者団体の自主的な取組の促進、他分野との連携などについて、不断の検討が必要である。こうした検討の熟度が高まったものから更なる業種区分の見直しなどの対応を図っていくことが必要である。

3．社会保険未加入問題等への対策

(1) 審議の経緯

建設産業においては、下請企業を中心に、年金、医療、雇用保険（以下「社会保険」という。）について、法定福利費を適正に負担しない企業が存在し、技能労働者の処遇を低下させ、若年入職者減少の一因となっているほか、関係法令を遵守して適正に法定福利費を負担する事業者ほど競争上不利になるという矛盾した状況が生じている。

このため、行政・元請企業・下請企業が一体となって、社会保険への加入を徹底することにより、建設産業の持続的な発展に必要な人材の確保を図るとともに、事業者間の公平で健全な競争環境を構築する必要があることから、本委員会においては、設立当初からこの問題について継続的に審議し、これまでに、行政・元請企業による加入指導や法定福利費確保に向けた取組等の総合的な対策の推進と、その実施後5年を目途に、事業者単位では許可業者の加入率100％、労働者単位では少なくとも製造業相当の加入状況を目指すべきである旨を提言してきたところである。

(2) 総合的対策の推進

当委員会の提言を受け、国土交通省においては、対策実施後5年となる平成29年度を目途に(1)の目標を達成するため、これまでに以下のような総合的対策を推進しているところである。

なお、平成29年度という期限は、5年間で許可更新が一巡することを踏まえたものであり、個別の未加入業者が平成29年度まで加入を猶予されるものではない。

① 行政・元請企業・下請企業等の関係者が一体となった推進体制の整備
・行政・元請企業・下請企業等の関係者からなる社会保険未加入対策推進協議会を設置・開催（平成24年5月。以来、計3回開催。）し、関係者間の意見交換や情報共有を推進。
・各建設業団体が、社会保険加入状況の定期的な実態把握や周知・啓発等を進めるための保険加入促進計画を策定し、同協議会においてフォローアップを実施。

② 建設業法施行規則等関係法令の改正（平成24年5月公布）
・建設業の許可申請書類や施工体制台帳の記載事項等に社会保険加入状況を追加。（平成24年11月施行）
・経営事項審査における社会保険未加入業者への減点措置の厳格化。（平成24年7月施行）

③ 社会保険加入状況の把握、確認・指導等
・公共工事労務費調査を活用した社会保険加入状況の定量的な把握・公表。(平成24年3月、25年5月にそれぞれ公表)
・建設業担当部局において、建設業許可・更新、経営事項審査、立入検査といった各種契機を捉え、社会保険加入状況の確認・指導、未加入業者の社会保険担当部局への通報等を実施。(平成24年11月～)

④ 建設企業における取組の推進
・社会保険の加入について、元請企業・下請企業がそれぞれ負うべき役割と責任を明確にした「社会保険の加入に関する下請指導ガイドライン」(※)を策定(平成24年7月)。その内容を踏まえ、元請企業が施工体制台帳、作業員名簿等を活用し、下請企業の保険加入状況の把握、加入指導を実施(平成24年11月～)。
　(※)遅くとも平成29年度以降は、適用除外ではない未加入企業を下請企業に選定しない取扱いとすべき旨や、特段の理由がない限り加入が確認できない作業員の現場入場を認めない取扱いとすべき旨を記載。
・社会保険加入促進のためのポスター・リーフレットの作成・配布(平成25年4月)等により、建設企業等における周知・啓発を推進。

⑤ 法定福利費の確保
・公共工事設計労務単価の改訂(平成25年3月公表)等により、必要な法定福利費(事業主負担分・本人負担分)の額を公共工事の予定価格に反映。
・各専門工事業団体が作成した法定福利費が内訳明示された標準見積書の活用を推進。(平成25年9月から一斉に活用開始)
・法定福利費について、発注者が負担する工事価格に含まれる経費であること、建設業者が義務的に負担しなければならない経費であること等について、通知等により発注者や建設業者等の関係者に周知。

(3) 今後取り組むべき対策の方向
　(2)の総合的対策については、着実に推進されているが、現時点で把握できている社会保険加入状況を踏まえると、(1)の目標の実現に万全を期するためには、これらの対策に加えて、更に取組を加速化する必要がある。
　また、東日本大震災からの復旧・復興工事や近時の民間建設投資の活発化、2020年東京オリンピック・パラリンピックの開催決定等により、建設投資額が回復局面にあるという現状を捉まえて、今こそ行政、建設業界一体となって社会保険への加入徹底を加速化すべきである。
　さらに、公共事業は当然ながら国民負担により行われており、また、(2)⑤の社会保険に加入するために必要な法定福利費の額の予定価格への反映についても、国民負担により行われている。
　これらの点を踏まえ、例えば、公共工事の施工に社会保険未加入業者が関与していた場合には厳正かつ適切な指導監督の強化を図るとともに、公共工事において、元請業者や、元請

業者と直接契約関係にある一次下請業者からは社会保険未加入業者を排除する等の措置を講じることを検討すべきである。

(4) その他技能労働者の確保・育成のための施策

建設産業の持続的な発展に必要な技能労働者の確保・育成を図るためには、(2)の社会保険未加入問題に対する総合的対策や１．で提言したインフラの品質確保とその担い手の確保に係る施策の推進に加え、技能労働者への適切な水準の賃金の支払いや、富士教育訓練センターの機能の充実強化等を通じた教育訓練機能の強化、若年就業者の確保に向けた戦略的な広報活動の展開等の施策を行政、建設業界が一体となって積極的に推進することが必要である。

(以上)

当面講ずべき施策のとりまとめ

(参考)

中央建設業審議会・社会資本整備審議会産業分科会建設部会
基本問題小委員会　委員

	相場　淳司	東京都建設局企画担当部長
	秋山　哲一	東洋大学理工学部教授
	井出　多加子	成蹊大学経済学部教授
	伊藤　孝	一般社団法人全国建設業協会副会長
◎	大森　文彦	弁護士・東洋大学法学部教授
	小澤　一雅	東京大学大学院工学系研究科教授
	蟹澤　宏剛	芝浦工業大学工学部教授
	才賀　清二郎	一般社団法人建設産業専門団体連合会会長
	高野　伸栄	北海道大学大学院工学研究院准教授
	田口　正俊	全国建設労働組合総連合書記次長
	谷澤　淳一	三菱地所株式会社執行役員経営企画部長
	山内　秀幸	一般社団法人日本建設業連合会総合企画委員会政策部会長

◎　委員長

(五十音順、敬称略)

オブザーバー

野崎　秀則　　一般社団法人建設コンサルタンツ協会常任理事

(敬称略)

平成26年改正
建設業法・入札契約適正化法等の解説

2015年2月12日　第1版第1刷発行

編　著　建　設　業　法　研　究　会

発行者　松　林　久　行

発行所　株式会社大成出版社

東京都世田谷区羽根木1－7－11
〒156-0042　電話 03(3321)4131(代)

©2015　建設業法研究会　　　　　印刷　信教印刷

ISBN978-4-8028-3183-3